C.H.BECK WISSEN

Überall dort, wo sich Menschen in organisierter Form bei der Arbeit zusammenfinden, kann es zu Missverständnissen, Spannungen, Reibungsverlusten oder Konflikten kommen. Seit langem werden deshalb im Sozial- und Gesundheitswesen, in Pädagogik, Wirtschaft, Verwaltung, Kultur und Politik sowie im Sport verschiedene Formen der psychosozialen Beratung, Unterstützung, Begleitung und Reflexion von Arbeitsprozessen eingesetzt. Berufsbezogene Beratung in Form von Supervision bzw. Coaching wird meistens frei- oder nebenberuflich angeboten und dient dem Ziel, die Beziehungen der Menschen bei der Arbeit sowie die Qualität dieser Arbeit zu verbessern.

In dieser praxisbezogenen Einführung bietet ein renommierter Fachmann einen ebenso sachkundigen wie gut verständlichen Einblick über die Entwicklung und Möglichkeiten der Beratungsformate Supervision und Coaching. Er erläutert die zugrunde liegenden Erkenntnisse aus den verschiedenen Bezugswissenschaften und vermittelt ein differenziertes Bild von der professionellen Arbeit dieser Beraterinnen und Berater sowie Forschungsergebnisse über die Wirksamkeit von Supervision und Coaching. Das Buch ist auch eine Orientierungshilfe auf dem unüberschaubaren und teilweise unseriösen Markt von Supervision und Coaching.

Univ.-Prof. Dr. phil. habil. *Nando Belardi* (geb. 1946) ist Sozialwissenschaftler, Psychotherapeut (HPG), Supervisor (DGSv/FPI) und Coach. Er war bis 2006 Lehrstuhlinhaber für Sozialpädagogik und Sozialarbeit an der Philosophischen Fakultät der T. U. Chemnitz und Mitbegründer sowie Mitherausgeber von «Organisationsberatung, Supervision, Coaching» (1994–2009). Seine Publikationen über Beratung und Supervision wurden bisher in sechs Sprachen übersetzt. Er war tätig als Gastprofessor für Sozialarbeit/Supervision in Brixen/Bozen, Amsterdam, Wolgograd (Russland) sowie in Hongkong und Chengdu (V. R. China).

www.nando-belardi.jimdo.com

Nando Belardi

SUPERVISION UND COACHING

Grundlagen, Techniken, Perspektiven

C.H.Beck

Für meine Enkel

1. Auflage. 2002
2., aktualisierte Auflage. 2005
3. Auflage. 2009
4., aktualisierte Auflage. 2013
5., völlig überarbeitete Auflage. 2018

Die ersten vier Auflagen erschienen unter dem Titel «Supervision. Grundlagen, Techniken, Perspektiven». Für die fünfte Auflage wurde der Text völlig überarbeitet und um das Thema «Coaching» ergänzt.

Mit 2 Abbildungen

6., aktualisierte Auflage. 2024
Originalausgabe

www.chbeck.de
Reihengestaltung Umschlag: Uwe Göbel (Original 1995, mit Logo), Marion Blomeyer (Überarbeitung 2018)
Umschlagabbildung: © Shutterstock
Satz: C.H.Beck.Media.Solutions, Nördlingen
Druck und Bindung: Druckerei C.H.Beck, Nördlingen
Printed in Germany
ISBN 978 3 406 81625 3

myclimate

verantwortungsbewusst produziert
www.chbeck.de/nachhaltig

Inhalt

Vorwort

Dieses Buch möchte eine praxisbezogene Einführung in die miteinander verwandten Beratungssysteme *Supervision* und *Coaching* sein. Supervision unterstützt Angehörige der helfenden Berufe (Sozialarbeiter, Psychologen, Pfleger). Mit Coaching ist hier, entgegen dem häufigen nicht korrekten Gebrauch, eine berufsbezogene Beratung und Reflexion für Leitungskräfte (Business-Coaching, Management-Coaching) gemeint. Ebenso können Spezialisten in «einsamen Rollen» (Ärzte, Architekten, Juristen, Künstler, Sportler) durch Coaching Unterstützung erhalten. In diesem Buch werden auch Themen aus der Personalentwicklung, der Arbeits-, Betriebs- und Organisationspsychologie («ABO-Psychologie») mit den Beratungsformen Supervision und Coaching verbunden.

Um Wortungeheuer zu vermeiden, wurde nach Möglichkeit abwechselnd die weibliche und die männliche Schreibweise verwendet. Oft wird auch der Oberbegriff *Beratung* für Supervision und/oder Coaching benutzt.

Dieses Buch hat einen Vorläufer. Im Jahre 2002 erschien im selben Verlag «Supervision. Grundlagen. Techniken. Perspektiven». Das Werk erhielt in der Fachwelt nur positive Besprechungen. Nach der vierten Auflage von 2013 ergab sich 2018 die Notwendigkeit einer Neuausgabe. Allerdings hat sich seit 2002 die Supervisionslandschaft in mehrfacher Hinsicht verändert und zum Coaching verschoben. Auch haben Coaching-Angebote so zugenommen, dass die Szene unübersichtlich und teilweise unseriös geworden ist. Deshalb haben sich Verlag und Autor entschieden, keine Aktualisierung vorzulegen, sondern ein neues Buch über «Supervision und Coaching» zu konzipieren.

Um unnötige Wiederholungen zu vermeiden, werden beide Beratungsformen in diesem Buch nicht hintereinander, sondern weitgehend integriert dargestellt.

Für die kritische Lektüre des Manuskripts danke ich Dr. rer. nat. Jacob Belardi, PD. Dr. med. Jörg Isenberg, Dr. phil. Astrid Schreyögg und Prof. Gerwald Wallnöfer.

I. Weshalb die Dienstleistungsgesellschaft Supervision und Coaching benötigt

Wer ein Studium absolviert hat, weiß, dass eine Theorie oft wenig zu bestimmten Fragen der beruflichen Praxis beitragen kann. Denn im Beruf kann man, vereinfacht gesagt, zwischen *Wissen* und *Können* unterscheiden. Das fachliche *Wissen* wird eher über den «Kopf» vermittelt; es veraltet vor allem im technischen Bereich relativ schnell und muss durch Weiterbildung ergänzt werden. Anders ist es mit dem *Können*. Denn hier geht es um die Umsetzung des ehemals abstrakten Wissens in konkrete Situationen mit anderen Menschen.

Auch dieser Unterschied ist ein Grund für die gestiegene Nachfrage nach Weiterbildungsformaten wie *Supervision* und *Coaching*. Denn beide können helfen, konkrete Praxisfragen zu lösen, also die Lücke zwischen abstraktem Studium/Ausbildung und Praxis zu schließen sowie neue soziale Situationen zu meistern.

1. Arbeit verändert sich

Bekanntlich gelingen Dienstleistungen nur, wenn sowohl der Produzent als auch der Konsument bei der Erstellung der Dienstleistungen zusammenarbeiten und übereinstimmen, also auch erfolgreich miteinander kommunizieren. Schon heute nehmen in den Dienstleistungsberufen die kommunikativen Tätigkeiten teilweise zwei Drittel der Arbeitszeit ein. Die herkömmlichen Einrichtungen für höhere Bildung, wie beispielsweise Fachschulen, Fachhochschulen, Universitäten oder Berufsausbildung, stellen den Arbeitsmärkten gut ausgebildete jüngere

Kräfte im ökonomischen, technischen oder naturwissenschaftlichen Bereich zur Verfügung. In den modularisierten und verschulten Studiengängen bleiben jedoch kaum Raum und Zeit, auf praktische Fragen einer späteren Berufstätigkeit einzugehen. Weiterhin mangelt es den Berufsanfängern oft an «Sozialkompetenzen» («Schlüsselqualifikationen»). Mit dem Begriff «Sozialkompetenzen» sind Fähigkeiten gemeint, die über das eigentliche berufliche und fachliche Wissen, etwa als Ökonom, Jurist oder Ingenieur, hinausgehen. Diese Qualifikationen sind eher über einen längeren Zeitablauf stabil und nicht so sehr den Veränderungen unterworfen wie das Fachwissen. Zu diesen gehören Sozialkompetenzen wie

- Teamfähigkeit,
- Kommunikationsfähigkeit,
- Problemlösungskompetenz,
- Belastbarkeit.

Ein Vorgesetzter muss anleiten, führen und kontrollieren können. Die entsprechenden Fähigkeiten werden in Ausbildung oder Beruf kaum vermittelt. Häufig versuchen Personalexperten, etwa im *Assessment Center* (S. 63), festzustellen, ob eine Bewerberin oder ein Bewerber über diese Sozialkompetenzen verfügt. Beispielsweise werden Stresssituationen simuliert, Fallbeispiele sind zu lösen, oder schwierige Gruppen- bzw. Teamsituationen müssen im Planspiel bewältigt werden. Auf diese Weise will der mögliche Arbeitgeber herausfinden, ob sich die Bewerber später in der beruflichen Realität sozial und kompetent verhalten, über welche Team- und Leitungskompetenzen sie verfügen.

Mehr denn je nimmt die Arbeit nach den privaten Beziehungen einen zentralen Stellenwert in der Werteskala modern orientierter säkularer (westlicher) Gesellschaften und damit im Leben von Menschen ein. Allerdings haben sich auch die Inhalte der Arbeit verändert. So sind viele Arbeitsvollzüge immer komplizierter geworden. Nur noch selten kann der Einzelne auf ein fertiges Produkt schauen und sagen: «Das habe ich gemacht, und ich habe es gut getan.» Denn oft waren mehrere Menschen an verschiedenen Orten und zu unterschiedlichen Zeiten an der Erstellung eines Arbeitsprodukts beteiligt. Hinzu kommt, dass die Arbeitsergebnisse, wie beispielsweise bei Dienstleistungen, zumeist immaterieller Natur sind.

2. Der Reflexionscharakter der Arbeit nimmt zu

Weiterhin kann man feststellen, dass immer mehr Berufe höhere Anteile an Arbeitsvollzügen haben, die man als selbstreflexiv bezeichnen kann. Mit «selbstreflexiv» ist gemeint, dass man über sich und die eigene Wirkung auf andere, auch bei der Arbeit, nachdenken und eventuell darüber sprechen können muss.

Konnte man früher vor allem die Sozialarbeiter, danach die Psychotherapeuten und Pädagogen als selbstreflexive Berufe bezeichnen, so kann man heute alle pflegerischen, gesundheitlichen, administrativen und dienstleistenden Tätigkeiten dazuzählen. Hinzu kommt natürlich jede Form von Leitungs- und Vorgesetztentätigkeit.

Man muss bei der Arbeit sich immer mehr mit anderen darüber austauschen, *was* man tut, *wie* man es tut und *wo* man Außenwirkung und Qualität dieser Arbeit verbessern kann. *Wie* beispielsweise die Ämter der Stadtverwaltung ihre «Kunden», also die Bürger, ansprechen; *wie* das Reisebüro informiert und damit Kundenbindung herstellt; *wie* die teilprivatisierten Stadtwerke sich auf den neuen Energiemarkt einstellen und um Kunden werben; *wie* das Autohaus nicht nur PKWs verkauft, sondern die neuen Räume gestaltet und seine Verkäufer mit Hilfe psychologischer Techniken andere Beziehungen zu den Kunden herstellen lässt, wird branchenübergreifend wichtig. Das ähnelt der Situation, *wie* die Krankenschwester mit dem Patienten, die Sozialarbeiterin mit der allein erziehenden jungen Mutter oder der Beratungslehrer mit den Eltern spricht. Immer häufiger ist die gelungene Kommunikation eine Voraussetzung, ein Mittel sowie ein Merkmal der Qualität von Arbeit. Dazu ist es auch notwendig, dass eine vertrauensvolle Beziehung hergestellt werden kann. Denn die Arbeit von Krankenschwester, Sozialarbeiter oder Lehrer ist nur dann «gelungen», wenn Patient, Mutter oder Eltern «mitmachen». Denn auch das Krankenhaus oder die Schule befinden sich in einem Konkurrenzverhältnis zu anderen Anbietern vergleichbarer Dienstleistungen. Der Unterschied zur Stadtverwaltung, dem Reisebüro, den Stadtwerken oder dem Autohaus ist hinsichtlich der Notwendigkeit gelungener Kommunikation und Zustimmung des «Kunden» eigentlich kaum noch vorhanden. Das macht das grundsätzlich Neue an den Arbeitsbeziehungen aus.

3. Folgen des Strukturwandels von Arbeit

«Von den 1980er Jahren an hat sich ein grundlegender Strukturwandel in der Arbeitswelt vollzogen, der seit den Sozial- und Arbeitsmarktreformen der Regierung Schröder (Agenda 2010) noch intensiviert worden ist. ‹Neoliberale Flexibilisierung der Arbeits-, Organisations- und Beschäftigungsstrukturen›, ‹Sozialabbau›, ‹Markt- und Kundenorientierung›, ‹finanzmarktgetriebene Ökonomisierung› der Betriebe usw. Dass das gewohnte ‹Normalarbeitsverhältnis› zum Auslaufmodell wird sowie Berufsbiographien zunehmend ‹brüchig› und ‹Lebenslagen› für viele ‹prekär› werden, ist gleichfalls selten strittig» (Voß 2011, S. 51).

Vor allem seit den 1990er Jahren spricht man vom «flexiblen» Kapitalismus und vom dafür notwendigen «flexiblen Menschen» (Sennett). Der Strukturwandel im Erwerbsleben führte auch zu einer *Entgrenzung* von *Arbeit*. Arbeitszeiten sind flexibler geworden. Immer mehr Beschäftigte haben auch außerhalb der normalen Arbeitszeiten verfügbar zu sein oder arbeiten teilweise zu Hause. Zusätzlich stellte die Covid-19-Pandemie einen weiteren Schub in Richtung Home-Office dar. Auch ist die Anzahl der «Normalarbeitsverhältnisse» so zurückgegangen, dass etwa ein Drittel der Beschäftigten sich in untypischen bzw. ungesicherten Arbeitsverhältnissen befinden: geringfügig Beschäftigte, Aufstocker, Leiharbeiter, Scheinselbständige. Leistungsdruck und zunehmende Verunsicherung haben auch Folgen für die Gesundheit:

«Mehr als 71% der Arbeitnehmer/innen in Deutschland sind binnen eines Jahres mindestens einmal krank zur Arbeit gegangen, rund 30% sogar gegen den ausdrücklichen Rat ihres Arztes» (Haubl 2011, S. 48). Nach dem AOK-Fehlzeitenreport von

2012 sind die Kosten für die Behandlung der Kassenmitglieder bei psychischen Erkrankungen bis 2011 um 40 Prozent gestiegen. Der AOK-Fehlzeitenreport von 2017 ergänzt noch, dass inzwischen jeder Zweite einmal eine Lebenskrise hat und eventuell krank zur Arbeit geht (Internet-Zugriff 3.6.2014; 8.4.2018).

Nach Information vieler Psychologischer Psychotherapeuten haben sich in den letzten Jahren Themen und Inhalte in den Behandlungsstunden verschoben. Ging es früher mehr um psychische Konflikte oder Partnerprobleme, so stehen seit einigen Jahren zunehmend Themen wie Stress, Mobbing oder Konflikte mit Kollegen und Vorgesetzten, also Themen aus der Arbeitswelt, im Vordergrund. Die Hauptbetroffenen sind «mit 76% die Gruppen der mittleren Angestellten mit Fachausbildung» (Urban 2013, S. 47). Covid-19 hat diese Tendenzen noch verstärkt und um das Thema soziale Isolation bereichert. Die Zeitschrift «Organisationsberatung, Supervision, Coaching» veröffentlichte mit Nr. 2/2020 ein Themenheft über «New Work».

Berufsbezogene Beratungsformen wie Supervision und Coaching haben angesichts dieser Veränderungen in der Arbeitswelt einiges für Organisationen, in denen technische und ökonomische Berufe dominieren, zu bieten. Schauen wir uns zuerst Entwicklung und Definition von Supervision und Coaching an.

II. Entwicklung von Supervision

Die Supervision als Beratungs- und Reflexionsverfahren von helfenden, gesundheitlichen und pädagogischen Berufen war in ihrer Entwicklung seit 1883 länger, vielfältiger und materialreicher als das Coaching. Das Coaching entstand mehr als hundert Jahre später, vor allem seit den 1990er Jahren, als Beratungs- und Reflexionsinstrument für Leitungskräfte. Dort, wo Supervision und Coaching sich ähneln, werden sie hier gemeinsam vorgestellt. Die begriffliche und inhaltliche Nähe wird auch dadurch gefördert, dass viele Supervisorinnen auch Coaching anbieten. Ansonsten betone ich die Besonderheiten des Coachings in Abgrenzung zur Supervision. Gleichzeitig soll dargestellt werden, dass Supervision und Coaching inzwischen sehr verwandte und sich teilweise überschneidende interdisziplinäre Beratungs- und Reflexionsverfahren für berufliche Zusammenhänge geworden sind. Sie bieten für verschiedene Personen und Gruppierungen in nahezu allen Berufen und Institutionen interessante Hilfestellungen an.

1. Unterscheidung: Supervision und Coaching

Beide Weiterbildungsformate beziehen sich auf die Reflexion von Berufsarbeit. Sowohl von den Arbeitsformen als auch den Methoden her ergeben sich viele Ähnlichkeiten und wechselseitige Anleihen. Aber die Unterschiede in Klientel, Aufgaben und Zielen sind beträchtlich. Die *Supervision* stammt aus der Sozialarbeit und Psychotherapie. Hier geht es darum, die Helfer zu unterstützen, damit sie ihre Arbeit mit den Klienten verbessern können. Dabei handelt es sich meistens um persönliche Probleme der Klienten, weshalb es häufig zu Beziehungsarbeit kommt; aber auch Team- und Organisationsfragen müssen besprochen werden. Oft sind die Ergebnisse offen und selten existiert ein Entscheidungsdruck.

Letzteres kann hingegen oft beim *Coaching* der Fall sein. Denn hier sollen gut ausgebildete Menschen in Leitungspositionen im Wohlfahrtsbereich, der Verwaltung, dem Handel, bei den Dienstleistungen oder in der Industrie in die Lage versetzt werden, ihre Aufgaben zu bewältigen sowie die Fähigkeit, Menschen zu führen und zu kontrollieren, zu verbessern.

Beide Formate finden auch in *unterschiedlichen Kulturen* statt: In der Supervision (wie auch in der Psychotherapie) dominiert die Helfer- und Verständniskultur. Supervision findet vorwiegend in Form der Teamsupervision statt. Die Nutzer von Coaching haben es dagegen viel stärker mit Hierarchie, Wettbewerb, Rivalität, Macht, Entscheidungsdruck und größtenteils auch mit Gewinnerzielung zu tun. Hier ist das Einzelcoaching am stärksten nachgefragt.

2. Begriffsklärung

Der Begriff «Supervision» scheint erstmals seit Mitte des 16. Jahrhunderts im Sinne von «Leitung» und «Kontrolle» bei juristischen und kirchlichen Texten verwendet worden zu sein. So versteht man unter «super» im Lateinischen «über», «von oben» oder «darüber». «Visio» kann man mit dem «Sehen», dem «Anblick» oder der «Erscheinung» übersetzen (Huppertz 1975, S. 6 f.). Demgemäß bedeutet «Supervision»: Überblick, Übersicht oder Kontrolle. In Europa verwendet man diesen Begriff auch im Sinne von Hilfestellung, Wissensvermittlung, Reflexionshilfe oder Anpassung an die vorgegebenen Arbeitsbedingungen. Damit gehört Supervision wie Coaching in den Bereich der berufsbezogenen (und nicht privat-persönlichen) Beratung.

Im englischen Sprachraum, vor allem in der amerikanisch geprägten Wirtschaftswelt, existiert jedoch ein anderes Begriffsverständnis. Denn hier ist der Supervisor auch der unmittelbare Vorgesetzte, der Aufsichtsführende und Anleiter. Diese amerikanische Begriffsverwendung findet inzwischen auch im deutschen Sprachraum Verwendung.

In diesem Buch soll das im deutschen wie auch im kontinentaleuropäischen Sprachraum verwendete *psychosoziale* und *pädagogische* Verständnis von Supervision im Vordergrund stehen:

Unter dem Oberbegriff *Supervision* versteht man *Weiterbildungs-*, *Beratungs-* und *Reflexionsverfahren* für *berufliche Zusammenhänge*. Das allgemeine Ziel der Supervision ist es, die Arbeit der Ratsuchenden (Supervisanden) zu verbessern. Damit sind sowohl die Arbeitsergebnisse als auch die Arbeitsbeziehungen zu den Kollegen und Kunden wie auch organisatorische Zusammenhänge gemeint.
Bis zu einer späteren ausführlichen Diskussion von *Coaching* (S. 42 ff.) soll folgende Kurzdefinition genügen: *Coaching* wird in diesem Buch definiert als professionelle Beratung, Begleitung und Unterstützung von Personen mit Führungs- bzw. Steuerungsfunktionen in Organisationen und von (oft einsam arbeitenden) Spezialisten. Manchmal werden auch die Begriffe *Business-Coaching* oder *Management-Coaching* verwendet.

Es soll auf zwei Einschränkungen hingewiesen werden:

1. Es geht bei Supervision (und Coaching) schwerpunktmäßig *nicht* um Psychotherapie oder Beratung in privaten Angelegenheiten, also nicht um persönliche und/oder familiäre Probleme.
2. In der deutschsprachigen Supervision spielen Aufsicht, Kontrolle oder rein fachliche Fragen des jeweiligen Berufes eine untergeordnete Rolle.

Demgegenüber hat Supervision die vorrangige Aufgabe, die im gegenwärtigen Arbeitsleben immer häufiger auftretende schwierige Kommunikation und Beziehungsgestaltung zu verbessern.

Deshalb kann Supervision (und in diesem Falle auch Coaching) auf den folgenden *drei Reflexionsebenen* helfen:

1. *Klientenebene*, dazu gehören die Abnehmer (z.B. Kunden, Klienten oder Patienten) eigener Leistungen. Dabei geht es meistens um die Reflexion der Arbeitsbeziehung, des Kunden- bzw. Klientenkontakts oder, wie man in den psychosozialen Berufen sagt, der *Fallarbeit*.
2. *Mitarbeiterebene*, also den Kollegen, Teammitgliedern, Untergebenen oder Vorgesetzten gegenüber. Hierbei steht die Zusammenarbeit untereinander im Vordergrund; es geht dabei um *Selbstreflexion*.
3. *Organisationsebene*, also bei Fragen, die mit der optimalen Gestaltung von organisatorischen Abläufen (z. B. Teamarbeit, Binnenorganisation, interne Kommunikation, humane und flache Hierarchie) zu tun haben. In diesem Bereich bestehen fließende Übergänge zur Institutions- oder Organisationsberatung. (Rappe-Giesecke 1994, S. 5)

Abschließend noch eine Begriffsklärung: *Supervisor* ist jemand, der Supervisionsleistungen anbietet. *Supervisand* wird eine Person genannt, die Supervisionsleistungen in Anspruch nimmt, beispielsweise ein Sozialarbeiter, Psychologe, Lehrer. Mit *Klient* oder *Kunde* wird die Person bezeichnet, die beim Supervisanden eine Beratung erhält. In diesem Sinne sind die Sozialhilfeempfänger die Klienten der Sozialarbeiter. Das Ehepaar, welches zu einer psychologischen Beratungsstelle kommt, ist die

Klientel des Psychologen. Einen Schüler kann man als Klienten des Lehrers bezeichnen. Der Verkaufsmanager hat es mit einem Kunden zu tun.

Wichtig ist: Die Supervisorin bzw. der Supervisor oder Coach als Berater einer Leitungskraft hat es *nie* direkt mit den Klienten, Mitarbeitern oder Kunden zu tun. In der Fachsprache nennt man das eine «Beratung zweiter Ordnung» oder ein «Metaconsulting». Das ist ein wichtiger Unterschied zum «Allerwelts-Coaching» (S. 53 ff.).

3. Vorgeschichte der Supervision

Das, was als Supervision (und in einem weiteren Sinne als Coaching) bezeichnet wird, hat eine vieltausendjährige *Vorgeschichte*. Diese beginnt mit dem Zeitpunkt, als die Menschen erstmals über ihre sozialen Beziehungen nachdachten und miteinander über ihre Zusammenarbeit kommunizieren mussten (Selbst- und Fremdreflexion).

1. Aus dem antiken Athen ist uns der *Sokratische Dialog* bekannt. Nach dem philosophisch-pädagogischen Modell des Sokrates verweigerte ein erfahrener Lehrer das übliche «Frage-Antwort-Spiel» und reagierte auf die Fragen der Schüler mit Gegenfragen. Es galt: «Das Wissen des Nicht-Wissens» (Schmidt-Lellek 2006, S. 89). Das sollte bewirken, dass die Schüler über den Hintergrund ihrer eigenen Fragen und damit über sich nachdenken mussten. Hier in der abendländischen Philosophie (wie auch in den fernöstlichen Weisheiten) liegt *ein* Ursprung des heutigen beruflichen *Reflexionsverfahrens* Supervision. Es galt, die «Kunst» zu entwickeln, zeitweise aus sich, seiner Rolle und dem Alltagsbetrieb herauszutreten und mit Hilfe eines in das eigene Geschehen nicht verstrickten, außen stehenden Experten über sich, sein Handeln und dessen Wirkungen nachzudenken.
2. Die erste uns bekannte Reflexion beruflicher Tätigkeiten war die *Qualitätskontrolle* der Zünfte und Gilden im europäischen Mittelalter. Diese sorgten durch eine Fülle von Bestimmungen (Ausbildung des Nachwuchses, Kontrolle von Ma-

ßen, Gewichten oder Preisen) für Qualitätskontrolle und Selbstreflexion im Berufsprozess.

3. Seit dem 17. Jahrhundert, vor allem in der Epoche der Aufklärung, gelang es den Naturwissenschaften, sich zunehmend von der kirchlichen Bevormundung zu befreien. In dieser Zeit hatten die Ärzte und Juristen als frühe Dienstleistungsberufe auch *neue Institutionen* entwickelt, die zu ihrer beruflichen Selbstkontrolle beitragen sollten. Beispielsweise wollte man durch die Leichenöffnung und die kollegiale Untersuchung ungeklärter Todesfälle Erkenntnis über die Todesursachen, aber auch über mögliche «Kunstfehler» der Ärzte gewinnen. Ähnlich ist es bis heute bei der Justiz. Verfahrensfehler oder Fehlurteile im Bereich der Rechtsprechung können durch die Revision bzw. Berufung vermieden oder korrigiert werden. Wir kennen noch weitere Einrichtungen zur Qualitätssicherung und Selbstkontrolle der selbständigen Berufe: Handwerkskammern, Industrie- und Handelskammern sowie entsprechende Kammern für Ärzte, Psychotherapeuten, Anwälte oder Architekten.

4. Supervision kommt aus der Sozialarbeit

Gegenüber dieser langen Vorgeschichte von Reflexion beruflicher Arbeit begann die eigentliche *Geschichte* der *Supervision* Ende des 19. Jahrhunderts mit der Entwicklung von zwei Berufen. Gegenstand und Aufgaben dieser Berufe waren neu. Im Zentrum standen erstmals direkte *personenbezogene kommunikative Dienstleistungen*. Hierbei handelte es sich um die Sozialarbeiter und um die Psychotherapeuten. (Von den Psychotherapeuten waren die Psychoanalytiker die Ersten, die sich mit diesen Fragen beschäftigten. Der Einfachheit halber werden in diesem Buch Psychoanalytiker meistens mit Psychotherapeuten gleichgesetzt. Ebenso sind mit Sozialarbeitern auch Sozialpädagogen oder ähnliche Berufe unter dem Oberbegriff Soziale Arbeit gemeint). Schon von Beginn an stand bei diesen beiden Berufen die *Beziehungsarbeit* bzw. *Reflexionsarbeit* im Vordergrund. Vor mehr als hundert Jahren wurde die Sozialarbeit in

England und den USA vom Nebenamt zum Hauptberuf. Auch wegen der knappen finanziellen Mittel ging es darum, kurz ausgebildete und schlecht bezahlte Helferinnen zu motivieren, in Zeiten steigender Armut weiterhin Sozialarbeit anzubieten. Der Armen-Pfarrer *Samuel Barnett* hatte ab 1883 im Londoner Slum-Gebiet Whitechapel auch Studierende als ehrenamtliche Helfer eingesetzt. Als er bemerkte, wie sehr diese von der Arbeit mit den Armen persönlich betroffen und in Kommunikationen verstrickt waren, bot er ihnen halbstündige «Vier-Augen-Gespräche» zur Klärung und Entlastung an. Hier liegt das Vorbild für jenen Prozess, den wir heute Praxisberatung oder Supervision nennen (C. W. Müller 1982, S. 58). Neben dieser englischen «Ehrenamtlichen-Supervision» entwickelte sich etwa zur gleichen Zeit in den USA die «Vorgesetzten-Supervision». Dort wurden viele ehrenamtliche Helferinnen von wenigen hauptamtlichen Fachkräften motiviert, ausgebildet, angeleitet, unterstützt und kontrolliert. Schon 1898 fand an der «School of Social Work», heute ein Teil der bekannten Columbia University im Norden von Manhattan (New York), ein Kurs über Supervision statt. Das erste Buch über Supervision stammt von J. Brackett: «Supervision and Education in Charity» (New York 1903). Wie schon angedeutet, war diese Supervision eher für Zwecke der hierarchischen Organisation im Sinne der Kontrolle von Arbeitsvollzügen und Zielerreichung gedacht. Allerdings ging es bei diesen Gesprächen auch damals schon um das Verständnis der fremden Lebenswelt der Klienten sowie um Kommunikationsfallen, Projektionen (S. 21 f.) oder um Probleme mit Nähe und Distanz.

Sehr bald kam diese Supervision in den deutschen Sprachraum. Bereits im Jahre 1920 wurde an der Sozialen Frauenschule in München in der Ausbildung von Fürsorgerinnen (Sozialarbeiterinnen) eine Lehrveranstaltung mit dem Titel «Besprechung der sozialen Praxis» angeboten. Auch die Schülerinnen der Wohlfahrtsschule Jena mussten schon 1926 wöchentlich zwei Tage Praktikum nachweisen. Direkt danach hatten sie an einer vierstündigen Arbeitsgemeinschaft über ihre praktischen Erfahrungen teilzunehmen (Belardi 2020, S. 21). Etwa bis in die

1960er Jahre war die Sozialarbeiter-Supervision in der Ausbildung ein regelgeleitetes und protokolliertes Gespräch über berufliche Themen. Bei diesen Reflexionen standen nicht nur die beziehungsmäßigen Aspekte des beruflichen Handelns (Sozialarbeiter-Klient), sondern auch administrative und kontrollierende Gesichtspunkte im Vordergrund. Denn Sozialarbeiter sollen ja nicht nur helfen, sie müssen auch überprüfen; so zum Beispiel, ob finanzielle Leistungen zu Recht bezogen werden, ob angeordnete Auflagen vom Amt oder Gericht eingehalten worden sind oder ob die Kinder richtig versorgt werden. Dieser Mix von *Hilfe* und *Kontrolle* ist ein Grundmerkmal der Sozialen Arbeit bis heute.

Diese frühe Supervision war aus der Alltagspraxis entstanden. Ihr fehlte es auch an wissenschaftlich fundiertem psychologischen *Wissen* und *Können* zu einem regelgeleiteten Gespräch, um die tägliche Beziehungsarbeit sowie die Hintergründe genauer zu verstehen. Das änderte sich durch die Einflüsse der Psychoanalyse sowie der Kommunikationswissenschaft.

5. Psychoanalyse ermöglicht Beziehungsreflexion

Spätestens seit Beginn des 20. Jahrhunderts kennt die Öffentlichkeit die Schriften von *Sigmund Freud* (1856–1939) sowie seiner Anhänger. Zur Psychoanalyse kamen, teilweise konkurrierend, noch andere tiefenpsychologische Sichtweisen und Behandlungsformen hinzu. Weitgehend unbestritten ist die Tatsache, dass dadurch ein neues Bild vom Menschen geschaffen wurde. Hierzu gehört die Bedeutung bewusster und unbewusster früher Erfahrungen, Gefühle und Erinnerungen an die gegenwärtigen Beziehungen bzw. neue Situationen. Sigmund Freud und besonders seiner Tochter *Anna Freud* (1895–1982) verdanken wir auch die Beschreibung von *Abwehrmechanismen (Schutzmechanismen)*, mit denen sich die Menschen vor schwer erträglichen Erinnerungen und unbewältigten Konflikten mehr oder minder bewusst zu schützen suchen. Hierzu gehören vor allem: Verdrängung, Projektion, Verleugnung, Rationalisierung oder der Versuch, eine unangenehme Handlung wieder ungeschehen zu machen. Wie angedeutet, verdankt die Supervision (wie auch das Coaching) ihr beziehungsmäßiges Wissen und Können vor allem den wissenschaftlichen Erkenntnissen der heute bekannten Schulen von Beratung, Psychotherapie und Kommunikationswissenschaft. Was kommt von dort und ist wichtig für Supervision und Coaching?

Die *Kontrollanalyse:* Schon um 1920 begannen Freud und seine Schüler mit der Ausbildung von Psychoanalytikern. Hierbei handelte es sich um eine mehrjährige, das eigene Leben reflektierende Weiterbildung für Ärzte und Psychologen. Diese Weiterbildung bestand darin, dass ein Ausbildungskandidat in der Form einer *Lehranalyse* seine Lebensprobleme reflektiert, sich also von einem erfahrenen Kollegen *(Lehranalytiker)* selbst psychoanalysieren lassen musste. Vor Ende seiner Ausbildung durfte er dann selbst schon Patienten untersuchen. Damit Probleme des eigenen Lebens in der Lehranalyse mit der neuen Behandlung der Klienten des Ausbildungskandidaten nicht vermischt wurden, hat man eine neue Rolle und Funktion geschaffen, die des *Kontrollanalytikers*. Dabei handelte es sich ebenfalls um einen zur Ausbildung berechtigten Psychoanalytiker, der jedoch nicht den Ausbildungskandidaten analysierte, sondern mit ihm zusammen in einer Art «Meister-Lehrlings-Verhältnis» dessen Behandlungsfälle reflektierte, also dessen Analysen «kontrollierte» bzw. «supervidierte». Die persönlichen Probleme des Ausbildungskandidaten werden in der Lehranalyse und die Probleme des Klienten werden in der Kontrollanalyse reflektiert (Balint 1965, S. 400). Das Neue war also eine in soziologischer Sicht interessante Rollenkonstruktion. Durch verschiedene Personen und Funktionen kam es zu einer örtlichen, zeitlichen und inhaltlichen Trennung der beiden Behandlungen. Mit der Kontrollanalyse wurde erstmals eine institutionalisierte Form geschaffen, in der eine angehende Fachperson von einem erfahrenen Kollegen bzw. einer Kollegin angeleitet wird und Reflexionshilfen bei den ersten Schritten in eine neue Berufstätigkeit erfährt. Durch diese Trennung sollte eine klare Abgrenzung zwischen eigenen und fremden Problemen bzw. selbst lernen und anderen helfen vollzogen werden. Sozialarbei-

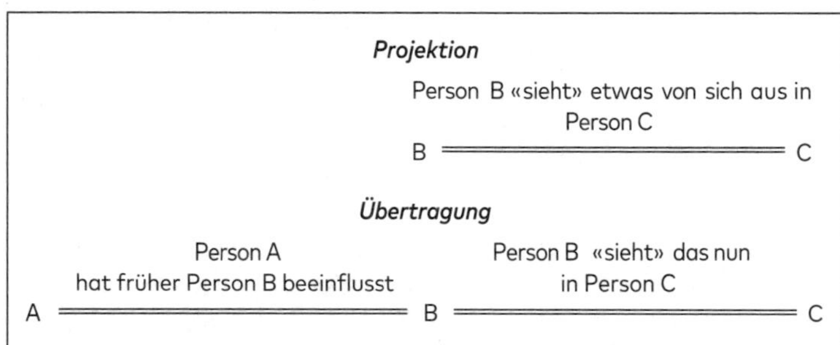

Abb. 1: Projektion und Übertragung (stark vereinfacht)

ter lernten in ihrer Ausbildung vertiefte Klientengespräche (Einzelhilfe, Casework). Diese konnten nur erfolgreich sein, wenn sie von außen durch Supervision begleitet wurde. Auf diese Weise kam es seit den 1960er Jahren zur Entwicklung der Supervision in Deutschland. Mit dieser neu institutionalisierten Supervision hat man seitdem gute Erfahrungen gemacht. Man kann nämlich gerade dann besser verstehen und helfen, wenn man nicht *direkt* ins Geschehen verstrickt ist. Dabei spielen vor allem die von der Psychoanalyse beschriebenen tiefenpsychologischen Prozesse von Projektion und Übertragung eine wichtige Rolle. Bei einer *Projektion* handelt es sich eigentlich um einen ganz normalen alltäglichen Interaktionsvorgang: Unsere Wahrnehmungen und Erinnerungen sowie deren gefühlsmäßige Verarbeitung sind geprägt von der Vergangenheit. Oftmals bringen wir bewusst oder unbewusst diese frühen Muster von Erlebnisverarbeitung in neue Kommunikationen mit ein. Wir «sehen» etwas in den anderen «hinein», was eigentlich aus unserer Erfahrungswelt stammt. Die *Übertragung* ist eine Erweiterung der Projektion. Wir «sehen» und «fühlen» etwas in eine andere Person «hinein», was eigentlich von einem früheren Kommunikationspartner kommt (s. Abb. 1).

In der Regel ist dieser frühe Kommunikationspartner ein Elternteil, eine Schwester, ein Bruder oder ein Partner. Bei Übertragungen, die sich im beruflichen Bereich auswirken, kann es sich bei der Übertragungsquelle auch um einen früheren Lehrer,

Arbeitskollegen oder Vorgesetzten handeln. Selten «verwechseln» wir dabei jedoch die gesamte Person. Häufiger ist es so, dass frühe (unbewusste) Gefühle wieder aktiviert werden und in der neuen Situation die aktuelle Beziehung hinsichtlich unserer Wahrnehmungen, Gefühle, Fantasien, Ängste und Hoffnungen unangemessen beeinflussen. In Beratung und Psychotherapie herrscht Übereinstimmung darüber, dass Projektionen und Übertragungen eine wichtige Ursache für Beziehungs- und Kommunikationsprobleme sowohl im privaten als auch im beruflichen Bereich sind. Diese Übertragungen kann man einteilen in

1. *spontane Übertragungen:* Sie entstehen täglich bei kurzen Begegnungen: Jemand erinnert uns an eine andere Person. So kommt es, dass wir uns einige Momente mit vergangenen Erinnerungen und Gefühlen beschäftigen. Fast gleichzeitig merken wir jedoch, dass es sich nicht um diese frühere Bekanntschaft handelt. Spontane Übertragungen korrigieren sich oft unmerklich von selbst. Auch
2. *typologische Übertragungen* sind uns geläufig: Bei den Begriffen «Arzt», «Lehrer» oder «Polizist» werden in unserem Denken und Fühlen oft bestimmte Rollenvorstellungen aktiviert. Auch können diese uns zu frühen Erfahrungen und Gefühlen hinführen, bis wir vielleicht erkennen, dass das Gegenüber nicht den Vorstellungen des eigenen Klischees entspricht. Demgegenüber sind
3. *notorische Übertragungen* eher lebensgeschichtlich geprägt. Sie stammen meistens von unbewältigten Erlebnissen früher Lebensjahre und inszenieren sich oft wieder neu – auch in beruflichen Situationen.

Am Beispiel der Arbeitssituation in der Altenhilfe sollen die Beziehungsprobleme der Mitarbeiterinnen und Mitarbeiter dargestellt werden:

> *Die alten Menschen erinnern vor allem das jüngere Pflegepersonal mehr oder weniger direkt gefühlsmäßig an die eigenen Eltern; dabei können Haltungen von Vorwürfen oder Wiedergutmachungen «übertragen» werden («Beziehungsmodus der Übertragung»). Zusätzlich kann die Erwartung an das eigene Alter mitspielen. Wenn*

man mit älteren Menschen beruflich zu tun hat, können hinsichtlich der eigenen Ängste vor dem Alter unbewusste Fantasien, Mitleid oder Abwehr im Kontakt mitschwingen («Beziehungsmodus der Projektion»).

Beide Muster können in privaten und beruflichen Pflegebeziehungen eine Umkehr der Machtverhältnisse bewirken. Die jüngeren, ehemals kleineren und ohnmächtigen Verwandten oder Helfer sind jetzt die körperlich und geistig Stärkeren («Beziehungsmodus der Rollen- oder Generationenumkehr»).

Nicht nur in der Altenhilfe, sondern auch in vielen Institutionen des Wirtschaftsbereichs spielen Übertragungen im Sinne von «Verwechslungen» eine oft unterschätzte Rolle bei Konflikten am Arbeitsplatz.

Es leuchtet ein, dass Beraterinnen und Berater nicht ihre Projektionen und Übertragungen in das Geschehen «hineinsehen» sollten. Um das zu vermeiden, findet die Ausbildung zur Supervision entsprechend den Anforderungen der Fachverbände in einem ähnlichen Lernsetting statt, wie es schon oben hinsichtlich der Psychoanalyse dargestellt wurde («Meister-Lehrlings-Verhältnis»). In einer *Lehrsupervision* untersucht die angehende Supervisorin ihre vergangenen und gegenwärtigen beruflichen Beziehungen. In einer späteren *Kontrollsupervision* stellt sie einem anderen Ausbilder ihre ersten eigenen Supervisionsfälle vor. Diesem Muster von Ausbildung folgen auch einige Coaching-Verbände, teilweise allerdings mit weniger Ausbildungsstunden, was auch die Kosten senkt. Viele Ausbildungseinrichtungen verlangen nach Abschluss der jeweiligen Weiterbildung den Nachweis einer gewissen Anzahl von jährlichen Stunden von Kontrollsupervision bzw. anderer Weiterbildung. Die approbierten Psychotherapeuten müssen in Ausbildung und Praxis eine gewisse Anzahl von Supervisionsstunden bzw. Fortbildungsstunden nachweisen. Vor allem in der Kontrollsupervision lernt man, darauf zu achten, welche eigenen inneren Bilder, Szenen oder Gefühle *(Gegenübertragung)* durch die Schilderungen der Supervisanden entstehen. Heute weiß man, dass diese Gefühle und Bilder ein wichtiges diagnostisches und methodisches Hilfsmittel zur Reflexion des Ursprungsgeschehens zwischen dem Supervisanden und seinem Klienten sind. Zu Übertragung und Gegenübertragung in Supervision und Coaching findet man weitere Informationen bei Schreyögg (2013 b). Nun zu einem weiteren wichtigen Beitrag der Psychoanalyse für die berufliche Reflexion.

6. Die Balint-Gruppe

Ausgehend von den Erfahrungen der psychoanalytischen Kontrollanalyse entwickelte der aus Ungarn stammende Psychoanalytiker *Michael Balint* (1896–1970) seit dem Ende der 1940er Jahre in England ein Verfahren zur Weiterbildung von Ärzten und Sozialarbeitern. Angehörige dieser Berufe sind in der Regel in ihren fachlichen Schwerpunkten gut ausgebildet. Oft jedoch mangelt es ihnen an Wissen und Können in der Beziehungsarbeit und Kommunikation. Nicht selten lassen sich diese Helfer von ihren Patienten oder Klienten in beziehungsmäßiger Hinsicht dazu verführen, Dinge zu tun, die sie aus fachlicher Sicht nicht tun wollten oder sollten: etwa zu lange oder zu kurz hinzuhören, Medikamente zu verschreiben, anstatt nachzufragen, oder dort zu helfen, wo die Patienten sich selbst helfen könnten. Bekanntlich haben Ärzte auch heute noch einen hohen Prozentsatz von Patienten, die eigentlich unter seelischen Problemen leiden. Viele dieser Hilfesuchenden werden insofern falsch behandelt, als man ihnen nur Medizin verabreicht.

Den im Arzt-Patient-Kontakt auftauchenden Kommunikationsansprüchen sind viele Ärzte nicht gewachsen, weil sie naturwissenschaftlich ausgebildet wurden. Bei den Ärzten existiert deswegen ein großer Bedarf an Austausch über die Gespräche mit Patienten. Diese beruflichen Beziehungen zu untersuchen, zu hören, was andere dazu meinen, und die Ermunterung, auch einmal «Nein» zu sagen, sind die Aufgaben einer speziellen beruflichen Reflexion, der sogenannten *Balint-Gruppe*. «Unser Ziel ist, den Ärzten zu helfen, sensibler zu werden für das, was bewusst oder unbewusst in der Psyche des Patienten vor sich geht, wenn Arzt und Patient beisammen sind» (Balint 1965, S. 403).

Inzwischen ist die Balint-Gruppe auch eine Fortbildungsmöglichkeit für andere Berufe (z. B. Psychologen, pädagogische, soziale und pflegende Berufe, Lehrer oder sogar Ökonomen und Juristen) geworden. In einigen Ausbildungsordnungen für Ärzte gehört sie zum Pflichtprogramm.

Der internationale Erfolg der *Balint-Gruppen* beruht auch auf der Beachtung folgender Regeln:

- Die Teilnehmer einer Balint-Gruppe sollten sich im Idealfall vorher *nicht kennen*, also auch nicht in privaten oder beruflichen Beziehungen miteinander stehen.
- Das Arbeitsklima wird vom Balint-Gruppenleiter so gestaltet, dass alle Gruppenmitglieder in ihrem Ursprungsberuf (z. B. Arzt, Psychologe, Sozialarbeiter, Lehrerin) als kompetent angesehen werden. Gleichzeitig werden sie als Lernende betrachtet, die im neuen Feld der *Beziehungsreflexion* mit den Patienten, Klienten, Kunden, Schülern noch etwas lernen möchten.
- Es ist günstig, wenn der Balint-Gruppenleiter auch der *gleichen Berufsgruppe* wie die Teilnehmer angehört.
- Reine *Fachfragen* der Grundberufe stehen *nicht* im Mittelpunkt der Balint-Arbeit. Vielmehr ermuntert der Leiter die Gruppenmitglieder zur *freien Fallschilderung* über Beziehungsprobleme.
- Gruppenmitglieder und Leiter äußern danach ihre Gefühle und spontane Einfälle zur geschilderten Beziehung im Sinne einer *freien Assoziation*.
- *Intellektuelle Belehrungen* sind meistens nutzlos.
- Die Balint-Gruppe ist *kein technisches Seminar;* sie zielt auch nicht auf konkrete Handlungsanweisungen ab. Das Ziel der Balint-Arbeit ist es vielmehr, die aktuellen Probleme in der jeweiligen *Arbeitsbeziehung* (z. B. Arzt–Patient, Sozialarbeiter–Klient, Lehrer–Schüler) zu untersuchen.
- Die Teilnehmer der Balint-Gruppe *entscheiden selbst*, welche Schlüsse und möglichen Handlungen sie aus ihren neuen Erkenntnissen ziehen.

(Harrach 1986, S. 158)

Spiegelphänomene. Neben den Übertragungs- und Gegenübertragungsvorgängen wird vor allem auf vielfältige *Spiegelphänomene* (andere Begriffe: *Resonanzphänomen, Parallelprozess, Isomorphismus*) geachtet. Hierbei handelt es sich, vereinfacht gesagt, um einen allgemeinen beziehungsmäßigen und damit menschlichen Vorgang. Es geht nämlich um die Wiederholung latent vorhandener und gefühlsmäßig wirksamer Interaktionsstrukturen in einem *anderen,* oft zeitlich späteren *Handlungssystem.* Diese Wiederholung erfolgt teilweise über Worte, aber auch szenisch, durch Handlungen oder körpersprachlich. Wir alle kennen diese Spiegelphänomene aus alltäglichen Situationen: beispielsweise die Entlastungsgespräche während der Arbeitspause, auf dem Arbeitsweg oder in der Freizeit zu Hause. So können sich beispielsweise in der Balint-, Supervisions- oder Coaching-Gruppe bzw. im Einzelgespräch bestimmte Gefühle und Vorgänge aus der Ursprungssituation (Sozialarbeiter–Klient bzw. Lehrer–Schüler) wiederholen («spiegeln»).

Beispiele: Suchtberater erleben oft die Suchtprobleme ihrer Klienten wie einen Sog, der ihnen die «innere Substanz» nimmt. Es kommt immer wieder vor, dass diese Helfer nach den Beratungsstunden besonders viel Zigaretten, Kaffee oder Süßigkeiten konsumieren.

Lehrer verhalten sich in Weiterbildungsprozessen oft wie Schüler. Sie melden sich, fragen nach den Pausen und erkundigen sich danach, was man von ihnen erwartet, ob ihre Leistungen bewertet werden.

Diese Spiegelphänomene verhelfen zum Verständnis der «Fallarbeit». Sie geben Hinweise über Interaktionsformen, Beziehungen und Organisationskultur der Ursprungsszene.

Die Supervisionsforschung hat inzwischen eine Fülle *feldspezifischer Spiegelphänomene* beschrieben. Es handelt sich dann um Gefühle und Fantasien bei den Beraterinnen, welche durch die jeweilige Problematik und Dynamik der Klientinnen hervorgerufen werden. Dabei kann es sich beispielsweise um den durch den Klienten ausgelösten Wunsch handeln, zu helfen, zu versorgen, zu schützen, zu strafen oder nichts mehr davon hören zu wollen. So ist bei der Supervision psychiatrischer Arbeit das «Milchglasgefühl», im Sinne einer Uneinfühlbarkeit und Unerreichbarkeit des Klienten, bekannt. Demgegenüber tritt bei der Supervision von Suchtarbeit häufig die eigene Unzulänglichkeit, das eigene Gefühl, den Ansprüchen der Klienten nie genügen zu können, als Selbst- und Fremdentwertung in den Vordergrund. Im Coaching mit Managern verspüren die Beraterinnen und Berater oft einen starken Entscheidungsdruck bei sich.

Aus dem bisher Gesagten wird deutlich, dass die Balint-Arbeit keine Psychotherapie ist. Sie ist auch nur teilweise Supervision oder Coaching, weil im Ursprungskonzept Team- und Organisationsfragen nicht berücksichtigt wurden. Nicht selten haben Balint-Gruppenleiter auch eine Weiterbildung in Supervision oder Coaching absolviert. Die Balint-Gruppe ist eine berufsbezogene Beziehungsanalyse auf psychoanalytischer Grundlage. Sie ist ein wichtiger Schritt zur Theorie und Methodik heutiger interdisziplinärer Supervision. Auch für das Coaching mögen Erfahrungen in Balint-Gruppen nützlich sein. Allerdings verlangt das Coaching ein viel strukturierteres und direktiveres Arbeiten als in den eher auf Assoziation und Beziehungsuntersuchung ausgelegten Balint-Gruppen.

7. Pädagogik und Supervision

Etwa seit den 1920er Jahren kam es auch unter dem Einfluss der Psychoanalyse zu einer tiefenpsychologischen Reflexion der Beziehung zwischen Lehrer und Schüler.

Im Vorwort zu *August Aichhorns* (1878–1949) «Verwahrloste Jugend» (1974, S. 7) schrieb Sigmund Freud, dass «Heilen», «Regieren» und «Erziehen» berufliche Tätigkeiten seien, die wohl niemals den an sie gestellten Erwartungen genügen könnten.

Was machen die besonderen beziehungsmäßigen Schwierigkeiten in der Schule aus? Die Institution Schule fördert durch die zeitweilige Trennung von der Erwachsenenwelt regressives Verhalten, also die gefühlsmäßige Rückkehr in Welten der Kindheit. So spricht man auch von einer «Deformation der Lehrer» oder dem «Infantilen» des Lehrerberufs (Adorno 1969). Denn die Tätigkeit des Lehrers ist vorwiegend die Arbeit eines einsamen Erwachsenen vor vielen fremden Kindern. Hinzu kommt die soziale Isolation. Schulpädagogen sind als Einzelkämpfer ausgebildet worden. Sie stehen den oft unerfüllbaren Ansprüchen von Schülern, Kollegen, Eltern, der Schulbürokratie sowie der Öffentlichkeit gegenüber.

Im selben Jahre schrieb ein anderer Schüler Freuds, *Siegfried Bernfeld* (1892–1953), in seinem Buch «Sisyphos oder die Grenzen der Erziehung», dass der Lehrer stets vor zwei Kindern stehe: vor dem ihm anvertrauten fremden Kind sowie dem Kind in ihm selbst. Wenn Erwachsene und speziell Eltern über ihre Schulzeit sprechen, geht es meistens um Erinnerungen, die aufgrund ihrer positiven oder negativen emotionalen Bedeutung im Gedächtnis haften geblieben sind. Aber auch die Lehrer sind in ihren Gefühlen und Verhaltensweisen von ihrer eigenen Kindheit und Schulzeit geprägt. Schon deshalb befinden sich Lehrer oft in der Gefahr, dass sie ihre eigenen Kindheits- und Schulerfahrungen auf ihre Schüler *übertragen.* «Er kann gar nicht anders, als jenes zu behandeln, wie er dieses erlebte», schrieb Bernfeld im Jahre 1925 (1970, S. 141). Demzufolge wiederholt der Lehrer im Umgang mit den Kindern oft auch dann Teile aus seiner Vergangenheit, wenn er scheinbar das Gegenteil von dem tut, was seine Eltern bzw. Lehrer taten oder wollten.

Erst lange nach dem Zweiten Weltkrieg wurden diese Gedanken dann für die Schulpädagogik fortgesetzt. *Peter Fürstenau* (1930–2021) schrieb: «Unbewusst erwartet der Lehrer, wie der Vater, dass die Kinder sich ihm gegenüber genauso (oder entgegengesetzt) verhalten, wie er sich als Kind zu seinen Eltern verhalten hat, und unbewusst ist er selbst in seinem Verhalten als Erwachsener gegenüber Kindern von seinem Vater- und Mutterbild beeinflusst, wie er es in seiner Kindheit aus der Kinderperspektive entwickelt und seitdem latent beibehalten hat» (S. 189). Aber wenn Lehrer nicht die Möglichkeit haben, über ihre Motive zur Berufswahl sowie frühere und aktuelle Schulerfahrungen zu reflektieren, besteht die Gefahr, dass sie zu stark von diesen (unbewussten) Prägungen beeinflusst werden.

In Fortsetzung dieser Gedanken hatte *Horst Brück* (1940–

1997) im Jahre 1978 in einer viel beachteten biographisch angelegten Untersuchung von Lehrerstudenten «Die Angst des Lehrers vor seinem Schüler» beschrieben und eine spezielle videogestützte Supervision für Lehrer und Pädagogikstudenten entwickelt. Vor allem in den 1970er und 1980er Jahren kam es in Deutschland zu einem regelrechten Boom der supervisorischen und gruppendynamischen Weiterbildung von Lehrern. Den Anfang machten *Walter Giere* (1936–2001) von der Hessischen Landeszentrale für Politische Bildung (Wiesbaden) sowie die Institute zur Lehrerfortbildung in Hessen; später folgten andere Bundesländer nach. Welches sind typische schulische Konflikte aus Sicht von Supervision und Coaching?

- Der *Praxisschock* steht bei vielen jungen Lehrern am Anfang ihrer Berufstätigkeit. Es handelt sich oft um eine Sinnkrise, welche Berufswahl und Berufsausübung betrifft (S. 69 f.). Die jungen Lehrer haben den Eindruck, teilweise völlig falsch ausgebildet worden zu sein.
- *Schwierige Rolle* des Lehrers: Der Lehrer schwankt zwischen den Alternativen, dem staatlichen Auftrag zu folgen oder aber sich mit den Schülern zu verbünden.
- Unterschiede zwischen den überhöhten *Idealen* der Lehrer und der kränkenden *Wirklichkeit*.
- Manche Lehrer verzichten zunehmend auf eigene Interessendurchsetzung und beschränken sich auf die *formale Erfüllung* ihrer Aufgaben.

Coaching im Lehrerberuf betrifft vor allem Leitungspersonen. Diese wurden ausgebildet, um Grundschul-, Mittelschul- oder Oberschulkinder in Mathematik, Deutsch, Englisch oder Geschichte auszubilden. Schulleitung gehörte nicht zum Ausbildungsplan. Seit den 1990er Jahren steigt die Nachfrage nach Beratung und Organisationsentwicklung bei vielen Lehrerkollegien wieder an. Die Universität Kassel veranstaltete im Jahre 1990 einen Kongress mit dem Thema «Supervision in Schulen». An der zentralen bayerischen «Akademie für Lehrerfortbildung und Personalführung» in Dillingen wurden mehrere hundert Lehrer und Schulpsychologen in Supervision weitergebildet. Sie sollen später nicht nur Schüler, Lehrer und Eltern beraten, sondern auch an der Schulentwicklung im Land mitarbeiten. Schwerpunktmäßig geht es dabei nicht nur um psychologische Beratung, sondern um Entwicklungsprozesse in Teams und Organisationen. Für derartige Aufgaben der Weiterbildung von Multiplikatoren sind normal qualifizierte Supervisoren weniger geeignet. Deshalb nimmt man eher mehrfach qualifizierte Supervisoren, die auch Lehrer, Schulentwickler bzw. Organisationsberater sind und gleichzeitig das Arbeitsfeld Schule gut kennen. In Deutschland, Österreich und der Schweiz werden die Namen dieser teilweise freiberuflichen Spezialisten ähnlich gehandelt wie die der führenden Unternehmensberater bzw. Coaches in der Wirtschaft.

Im vorwiegend deutschsprachigen Südtirol existiert seit Jahren eine mit qualifizierten Supervisorinnen besetzte Dienststelle, die unabhängig von der Schulverwaltung Supervision für Personal aus dem Schul- und Kindergartenbereich sowie Coaching für Leitungskräfte in diesen Einrichtungen anbietet.

Ein weiteres Interesse an Supervision kommt durch die Reformen im Schulbereich zustande. In Österreich hat man schon vor Jahren im Rahmen der Schulentwicklung mit der Schulautonomie begonnen. Schulen können nun teilweise über ihre Schwerpunkte, Finanzen und Personal entscheiden. Einige deutsche Bundesländer erproben inzwischen den «Schulleiter auf Zeit» und gewähren den Schulen mittels Globalhaushalten größere finanzielle Unabhängigkeit. Durch diese Neuerungen sind die Schulen zu spezifischer Profilbildung gezwungen. Sie müssen sich am Markt (Finanzen, Schülerzahlen) bewähren. Damit verändert sich die Rolle von Schulen zu Dienstleistungsunternehmen und die Schulleiter werden zu Bildungsmanagern. Dafür wurden sie aber nicht ausgebildet. Deshalb ist eine neue Kommunikations- und Entscheidungskultur notwendig. Für Lehrer und vor allem für das Leitungspersonal an den Schulen existieren eine Reihe von Weiterbildungsprogrammen.

C.H.BECK WISSEN

GESAMTVERZEICHNIS

INHALT

Die Bände haben jeweils einen Umfang von rund 128 Seiten und sind teilweise bebildert und mit Karten versehen.
Sie kosten
€ 8,95[D] | € 9,20[A] oder
€ 9,95[D] | € 10,30[A] oder
€ 12,–[D] | € 12,40[A]
Innerhalb der Kapitel sind die Titel nach Themen sortiert.

GESCHICHTE – EPOCHENÜBERGREIFEND

Udo Sautter
Die 101 wichtigsten Personen der Weltgeschichte
(bw 2193)

Klaus-Jürgen Matz
Die 1000 wichtigsten Daten der Weltgeschichte
(bw 2148)

Gerhard Leitner
Die Aborigines Australiens
(bw 2389)

Walter Demel
Sylvia Schraut
Der deutsche Adel
(bw 2832)

NEU
Walter Demel
Der europäische Adel
(bw 2379)

Claus Priesner
Geschichte der Alchemie
(bw 2718)

Hansjörg Küster
Die Alpen
(bw 2909)

Harald Kleinschmidt
Die Angelsachsen
(bw 2728)

Werner Bergmann
Geschichte des Antisemitismus
(bw 2187)

Heinz Halm
Die Araber
(bw 2343)

NEU
Marie-Janine Calic
Geschichte des Balkans
(bw 2949)

Andreas Müller
Berg Athos
(bw 2351)

Franz Meußdoerffer
Martin Zarnkow
Das Bier
(bw 2792)

Helmut Hilz
Geschichte des Buches
(bw 2937)

Andreas Fahrmeir
Deutsche Geschichte
(bw 2875)

Jürgen Sarnowsky
Der Deutsche Orden
(bw 2428)

Volker Reinhardt
Geschichte von Florenz
(bw 2773)

Ute Gerhard
Frauenbewegung und Feminismus
(bw 2463)

Bernd-Stefan Grewe
Gold
(bw 2889)

Matthias Egeler
Der heilige Gral
(bw 2896)

Frank-Lothar Kroll
Die Hohenzollern
(bw 2426)

Berthold Riese
Die Inka
(bw 2867)

Jürgen Sarnowsky
Die Johanniter
(bw 2737)

NEU
Jürgen Kocka
Geschichte des Kapitalismus
(bw 2783)

Christoph Nonn
Das Deutsche Kaiserreich
(bw 2870)

NEU
Franz Mauelshagen
Geschichte des Klimas
(bw 2942)

Andreas Kappeler
Die Kosaken
(bw 2768)

Stefan Rinke
Geschichte Lateinamerikas
(bw 2703)

Berthold Riese
Machu Picchu
(bw 2341)

Berthold Riese
Die Maya
(bw 2026)

Dirk Hoerder
Geschichte der deutschen Migration
(bw 2494)

Jochen Oltmer
Globale Migration
(bw 2761)

NEU
Karénina Kollmar-Paulenz
Die Mongolen
(bw 2730)

Bernd Kluge
Münzen
(bw 2861)

Hans-Ulrich Wehler
Nationalismus
(bw 2169)

Thomas W. Gaethgens
Notre-Dame
(bw 2913)

Sabine Doering-Manteuffel
Okkultismus
(bw 2713)

GESCHICHTE – EPOCHENÜBERGREIFEND

Suraiya Faroqhi
Geschichte des Osmanischen Reiches
(bw 2021)

Winfried Böhm
Geschichte der Pädagogik
(bw 2353)

Klaus Bergdolt
Die Pest
(bw 2411)

Robert Bohn
Die Piraten
(bw 2327)

Christian Geulen
Geschichte des Rassismus
(bw 2424)

Mathias Rohe
Das islamische Recht
(bw 2777)

Ulrich Manthe
Geschichte des Römischen Rechts
(bw 2132)

Volker Reinhardt
Geschichte Roms
(bw 2325)

Daniel-Erasmus Khan
Das Rote Kreuz
(bw 2757)

Wolfgang Schwentker
Die Samurai
(bw 2188)

Christian Mann
Schach
(bw 2899)

Robert Bohn
Geschichte der Seefahrt
(bw 2722)

Thomas Höllmann
Die Seidenstraße
(bw 2354)

Karola Fings
Sinti und Roma
(bw 2707)

Andreas Eckert
Geschichte der Sklaverei
(bw 2920)

Eduard Mühle
Die Slawen
(bw 2872)

Peter Rohrsen
Der Tee
(bw 2790)

Stefan Fisch
Geschichte der europäischen Universität
(bw 2702)

Arne Karsten
Geschichte Venedigs
(bw 2756)

Hansjörg Küster
Der Wald
(bw 2891)

Daniel Deckers
Wein
(bw 2793)

Thomas Vogtherr
Die Welfen
(bw 2830)

John C. G. Röhl
Wilhelm II.
(bw 2787)

Peter Alter
Die Windsors
(bw 2461)

Ernst Peter Fischer
Das wichtigste Wissen
(bw 2910)

Hans-Michael Körner
Die Wittelsbacher
(bw 2458)

Thomas Vogtherr
Zeitrechnung
(bw 2163)

Michael Brenner
Geschichte des Zionismus
(bw 2184)

– ALTE GESCHICHTE

NEU
Hans-Joachim Gehrke
Alexander der Große
(bw 2043)

NEU
Hartwin Brandt
Das Ende der Antike
(bw 2151)

Eva Cancik-Kirschbaum
Die Assyrer
(bw 2328)

Ulrich Sinn
Athen
(bw 2336)

Peter Funke
Athen in klassischer Zeit
(bw 2074)

Angela Pabst
Die athenische Demokratie
(bw 2308)

Werner Eck
Augustus und seine Zeit
(bw 2084)

Michael Jursa
Die Babylonier
(bw 2349)

Ralph-Johannes Lilie
Byzanz
(bw 2085)

NEU
Martin Jehne
Caesar
(bw 2044)

Wilfried Stroh
Cicero
(bw 2440)

Michael Maaß
Das antike Delphi
(bw 2431)

Bernhard Maier
Die Druiden
(bw 2466)

Hermann A. Schlögl
Echnaton
(bw 2441)

Friedhelm Prayon
Die Etrusker
(bw 2040)

Friedemann Schrenk
Die Frühzeit des Menschen
(bw 2059)

Herwig Wolfram
Die Germanen
(bw 2004)

Christian Mann
Die Gladiatoren
(bw 2772)

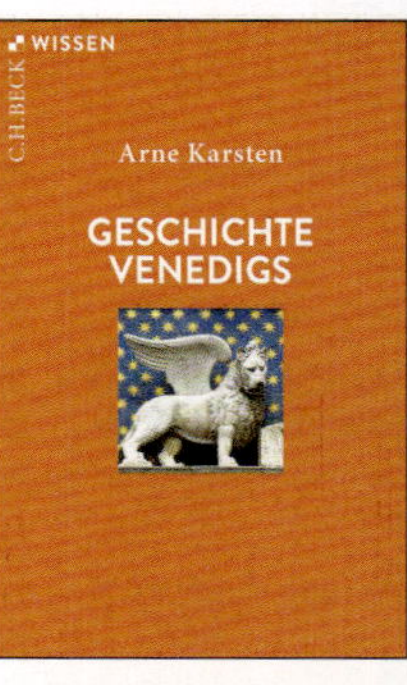

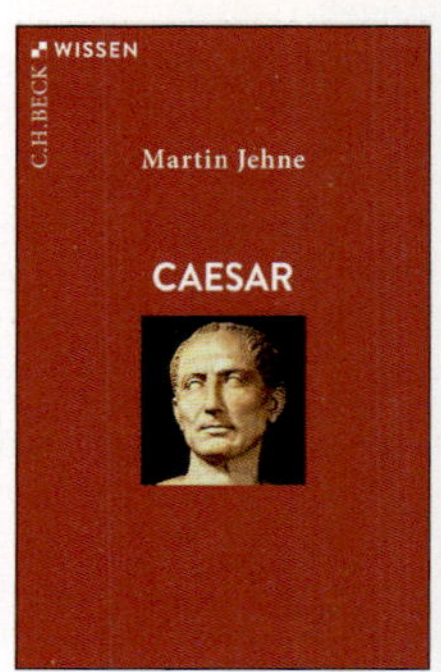

Rudolf Simek
Götter und Kulte der Germanen
(bw 2335)

Manfred Krebernik
Götter und Mythen des Alten Orients
(bw 2708)

Herwig Wolfram
Die Goten und ihre Geschichte
(bw 2179)

Sigrid Deger-Jalkotzy
Dieter Hertel
Das Mykenische Griechenland
(bw 2860)

Karl-Wilhelm Welwei
Die griechische Frühzeit
(bw 2185)

NEU
Angela Ganter
Griechische Geschichte
(bw 2952)

Pedro Barceló
Hannibal
(bw 2092)

Heinz Heinen
Geschichte des Hellenismus
(bw 2309)

Jörg Klinger
Die Hethiter
(bw 2425)

Barbara Patzek
Homer und seine Zeit
(bw 2302)

Timo Stickler
Die Hunnen
(bw 2433)

Harald Haarmann
Die Indoeuropäer
(bw 2706)

Eckart Otto
Das antike Jerusalem
(bw 2418)

Mischa Meier
Justinian
(bw 2332)

Alexander Demandt
Die Kelten
(bw 2101)

Elmar Schwertheim
Kleinasien in der Antike
(bw 2348)

Manfred Clauss
Konstantin der Große und seine Zeit
(bw 2042)

Peter Schreiner
Konstantinopel
(bw 2364)

Egon Schallmayer
Der Limes
(bw 2318)

Karen Radner
Mesopotamien
(bw 2877)

Leonhard Burckhardt
Militärgeschichte der Antike
(bw 2447)

Jürgen Malitz
Nero
(bw 2105)

Hermann A. Schlögl
Nofretete
(bw 2763)

Bruno Bleckmann
Der Peloponnesische Krieg
(bw 2391)

Martin Zimmermann
Pergamon
(bw 2740)

Wolfgang Will
Die Perserkriege
(bw 2705)

Michael Sommer
Die Phönizier
(bw 2444)

Jens-Arne Dickmann
Pompeji
(bw 2387)

Peter Jánosi
Die Pyramiden
(bw 2331)

Reinhard Wolters
Die Römer in Germanien
(bw 2136)

Klaus Bringmann
Römische Geschichte
(bw 2012)

Karl Christ
Die Römische Kaiserzeit
(bw 2155)

Martin Jehne
Die Römische Republik
(bw 2362)

Frank Kolb
Das antike Rom
(bw 2407)

Eckhard Meyer-Zwiffelhoffer
Imperium Romanum
(bw 2467)

Hermann Parzinger
Die Skythen
(bw 2342)

Ernst Baltrusch
Sparta
(bw 2083)

Bernhard Maier
Stonehenge
(bw 2377)

Gebhard J. Selz
Sumerer und Akkader
(bw 2374)

Erik Hornung
Das Tal der Könige
(bw 2195)

Dieter Hertel
Troia
(bw 2166)

Konrad Vössing
Die Vandalen
(bw 2881)

NEU
Günther Moosbauer
Die Varusschlacht
(bw 2457)

Klaus Rosen
Die Völkerwanderung
(bw 2180)

Johannes Engels
Die Sieben Weisen
(bw 2485)

Kai Brodersen
Die Sieben Weltwunder
(bw 2029)

Rudolf Simek
Die Wikinger
(bw 2081)

Michael Sommer
Wirtschaftsgeschichte der Antike
(bw 2788)

GESCHICHTE – MITTELALTER UND NEUZEIT

Dominik Waßenhoven
1066
Englands Eroberung durch die Normannen (bw 2866)

Michael Hochgeschwender
Der amerikanische Bürgerkrieg
(bw 2451)

Heinz Halm
Die Assassinen
(bw 2868)

Peter Blickle
Der Bauernkrieg
(bw 2103)

Eberhard Kolb
Bismarck
(bw 2476)

Volker Reinhardt
Die Borgia
(bw 2741)

Christoph Strohm
Johannes Calvin
(bw 2469)

Wolf D. Gruner
Der Deutsche Bund
(bw 2495)

NEU
Sebastian Conrad
Deutsche Kolonialgeschichte
(bw 2448)

Heiko Haumann
Dracula
(bw 2715)

Georg Schmidt
Der Dreißigjährige Krieg
(bw 2005)

Bernhard Jussen
Die Franken
(bw 2799)

NEU
Hans-Ulrich Thamer
Die Französische Revolution
(bw 2347)

Heinz Duchhardt
Freiherr vom Stein
(bw 2487)

Helmut Reinalter
Die Freimaurer
(bw 2133)

Olaf B. Rader
Kaiser Friedrich II.
(bw 2762)

Knut Görich
Friedrich Barbarossa
(bw 2931)

Johannes Kunisch
Friedrich der Große
(bw 2731)

NEU
Thomas Maissen
Geschichte der Frühen Neuzeit
(bw 2760)

Jürgen Osterhammel
Nils P. Petersson
Geschichte der Globalisierung
(bw 2320)

Rudolf Schieffer
Papst Gregor VII.
(bw 2492)

Heinz-Dieter Heimann
Die Habsburger
(bw 2154)

Rolf Hammel-Kiesow
Die Hanse
(bw 2131)

NEU
Barbara Stollberg-Rilinger
Das Heilige Römische Reich Deutscher Nation
(bw 2399)

Wolfgang Behringer
Hexen
(bw 2082)

Alexander Schunka
Die Hugenotten
(bw 2892)

Andreas W. Daum
Alexander von Humboldt
(bw 2888)

Joachim Ehlers
Der Hundertjährige Krieg
(bw 2475)

Gerd Schwerhoff
Die Inquisition
(bw 2340)

Claudia Zey
Der Investiturstreit
(bw 2852)

Klaus Herbers
Jakobsweg
(bw 2394)

Gerd Krumeich
Jeanne d'Arc
(bw 2396)

Helmut Reinalter
Joseph II.
(bw 2735)

Bernd Schneidmüller
Die Kaiser des Mittelalters
(bw 2398)

Luise Schorn-Schütte
Karl V.
(bw 2130)

Matthias Becher
Karl der Große
(bw 2120)

Karl Ubl
Die Karolinger
(bw 2828)

Luise Schorn-Schütte
Königin Luise
(bw 2323)

Jürgen Osterhammel
Jan C. Jansen
Kolonialismus
(bw 2002)

Vitus Huber
Die Konquistadoren
(bw 2890)

Peter Thorau
Die Kreuzzüge
(bw 2338)

Stefan Esders
Die Langobarden
(bw 2946)

Steffen Patzold
Das Lehnswesen
(bw 2745)

Hermann Rumschöttel
Ludwig II. von Bayern
(bw 2719)

Mark Hengerer
Ludwig XIV.
(bw 2842)

Marina Münkler
Marco Polo
(bw 2097)

Wilfried Nippel
Karl Marx
(bw 2834)

Volker Reinhardt
Die Medici
(bw 2028)

Martina Hartmann
Die Merowinger
(bw 2746)

Wolfram Siemann
Metternich
(bw 2484)

NEU
Michael Borgolte
Globalgeschichte des Mittelalters
(bw 2948)

Martin Clauss
Militärgeschichte des Mittelalters
(bw 2914)

Stephan Conermann
Das Mogulreich
(bw 2403)

Johannes Willms
Napoleon
(bw 2893)

Hubert Houben
Die Normannen
(bw 2755)

Hagen Keller
Die Ottonen
(bw 2146)

Eduard Mühle
Die Piasten
Polen im Mittelalter
(bw 2709)

Nikolas Jaspert
Die Reconquista
(bw 2876)

Michael Epkenhans
Die Reichsgründung 1870/71
(bw 2902)

Volker Reinhardt
Die Renaissance in Italien
(bw 2191)

Dieter Hein
Die Revolution von 1848/49
(bw 2019)

Joachim Ehlers
Die Ritter
(bw 2392)

Joachim Zeune
Ritterburgen
(bw 2831)

Andrew James Johnston
Robin Hood
(bw 2767)

Babette Ludowici
Die Sachsen
(bw 2941)

Hannes Möhring
Saladin
(bw 2386)

Johannes Laudage
Die Salier
(bw 2397)

Georg Bossong
Die Sepharden
(bw 2438)

Marian Füssel
Der Siebenjährige Krieg
(bw 2704)

Michaela und Karl Vocelka
Sisi
(bw 2829)

Matthias Schnettger
Der Spanische Erbfolgekrieg
(bw 2826)

Knut Görich
Die Staufer
(bw 2393)

Ronald G. Asch
Die Stuarts
(bw 2710)

Jürgen Sarnowsky
Die Templer
(bw 2472)

Hans-Ulrich Thamer
Die Völkerschlacht bei Leipzig
(bw 2774)

Marian Füssel
Waterloo 1815
(bw 2838)

Siegrid Westphal
Der Westfälische Frieden
(bw 2851)

Heinz Duchhardt
Der Wiener Kongress
(bw 2778)

Hans-Jörg Gilomen
Wirtschaftsgeschichte des Mittelalters
(bw 2781)

Christian Kleinschmidt
Wirtschaftsgeschichte der Neuzeit
(bw 2869)

Ilko-Sascha Kowalczuk
Der 17. Juni 1953
(bw 2771)

Ingrid Gilcher-Holtey
Die 68er-Bewegung
(bw 2183)

Sybille Steinbacher
Auschwitz
(bw 2333)

Christiane Tietz
Dietrich Bonhoeffer
(bw 2775)

Bernd Faulenbach
Willy Brandt
(bw 2780)

Jürgen Osterhammel
Jan C. Jansen
Dekolonisation
(bw 2785)

Ulrich Herbert
Das Dritte Reich
(bw 2859)

Bethold Rittberger
Die Europäische Union
(bw 2930)

Wolfgang Schieder
Der italienische Faschismus
(bw 2429)

Ronald Leopold
Anne Frank
(bw 2939)

Dietmar Rothermund
Gandhi
(bw 2322)

Florian Coulmas
Hiroshima
(bw 2491)

NEU
Wolfgang Benz
Der Holocaust
(bw 2022)

NEU
Tilman Seidensticker
Islamismus
(bw 2827)

Annika Mombauer
Die Julikrise
Europas Weg in den Ersten Weltkrieg (bw 2825)

Bernd Stöver
Der Kalte Krieg
(bw 2314)

Andreas Stegmann
Die Kirchen in der DDR
(bw 2921)

Christoph Strohm
Die Kirchen im Dritten Reich
(bw 2720)

NEU
Bernd Greiner
Die Kuba-Krise
(bw 2486)

Stephan Bierling
Nelson Mandela
(bw 2748)

Sabine Dabringhaus
Mao Zedong
(bw 2439)

Wolfgang Schieder
Benito Mussolini
(bw 2835)

Marianne Sammer
Mutter Teresa
(bw 2405)

NEU
Muriel Asseburg
Jan Busse
Der Nahostkonflikt
(bw 2858)

Raphael Gross
November 1938
(bw 2782)

Hans-Ulrich Thamer
Die NSDAP
(bw 2911)

Annette Weinke
Die Nürnberger Prozesse
(bw 2404)

Wolfgang Benz
Die Protokolle der Weisen von Zion
(bw 2413)

Armin Pfahl-Traughber
Rechtsextremismus in der Bundesrepublik
(bw 2112)

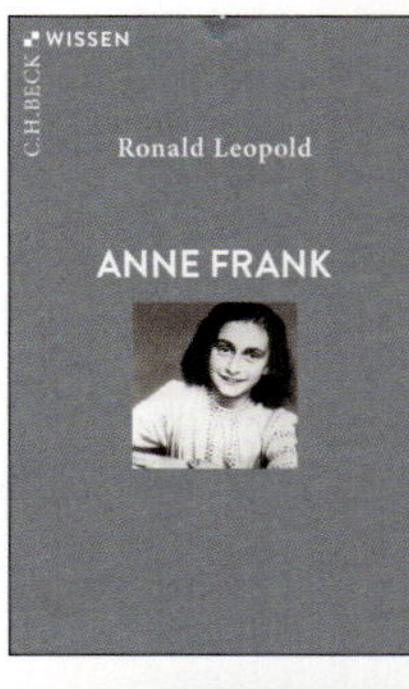

Winfried Böhm
Die Reformpädagogik
Montessori, Waldorf und andere Lehren (bw 2743)

Volker Ullrich
Die Revolution von 1918/19
(bw 2454)

Petra Terhoeven
Die Rote Armee Fraktion
(bw 2878)

Bastian Hein
Die SS
(bw 2841)

Wolfgang Reinhard
Geschichte des modernen Staates
(bw 2423)

Bernd Ulrich
Stalingrad
(bw 2368)

Peter Hoffmann
Stauffenberg und der 20. Juli 1944
(bw 2102)

Gwendolyn Sasse
Der Krieg gegen die Ukraine
(bw 2943)

Christian Hartmann
Unternehmen Barbarossa
Der deutsche Krieg im Osten 1941–1945 (bw 2714)

Eberhard Kolb
Der Frieden von Versailles
(bw 2375)

Gunther Mai
Die Weimarer Republik
(bw 2477)

Robert M. Zoske
Die Weiße Rose
(bw 2945)

Volker Berghahn
Der Erste Weltkrieg
(bw 2312)

Gerhard Schreiber
Der Zweite Weltkrieg
(bw 2164)

Wolfgang Benz
Der deutsche Widerstand gegen Hitler
(bw 2798)

Andreas Rödder
Geschichte der deutschen Wiedervereinigung
(bw 2736)

LÄNDER- UND NATIONALGESCHICHTE

Hermann A. Schlögl
Das alte Ägypten
(bw 2305)

Ralph Tuchtenhagen
Geschichte der baltischen Länder
(bw 2355)

Benedikt Stuchtey
Geschichte des Britischen Empire
(bw 2918)

Dominik Geppert
Geschichte der Bundesrepublik Deutschland
(bw 2929)

Hermann Kamp
Burgund
(bw 2414)

Helwig Schmidt-Glintzer
Das alte China
Von den Anfängen bis zum 19. Jh. (bw 2015)

Das neue China
Vom Untergang des Kaiserreichs bis zur Gegenwart (bw 2126)

Daniel Leese
Die chinesische Kulturrevolution
(bw 2854)

Frank Rexroth
Deutsche Geschichte im Mittelalter
(bw 2307)

Johannes Burkhardt
Deutsche Geschichte der Frühen Neuzeit
(bw 2462)

Dieter Hein
Deutsche Geschichte im 19. Jahrhundert
(bw 2840)

Andreas Wirsching
Deutsche Geschichte im 20. Jahrhundert
(bw 2165)

Matthias Waechter
Geschichte Frankreichs
(bw 2947)

Wolfgang Zwickel
Das Heilige Land
(bw 2459)

Monika Gronke
Geschichte Irans
(bw 2321)

Benedikt Stuchtey
Geschichte Irlands
(bw 2765)

Noam Zadoff
Geschichte Israels
(bw 2905)

Bernd U. Schipper
Geschichte Israels in der Antike
(bw 2887)

Volker Reinhardt
Geschichte Italiens
(bw 2118)

NEU
Hans Martin Krämer
Geschichte Japans
(bw 2953)

Angelos Chaniotis
Das antike Kreta
(bw 2350)

Michel Pauly
Geschichte Luxemburgs
(bw 2732)

Michael North
Geschichte der Niederlande
(bw 2078)

Karl Vocelka
Österreichische Geschichte
(bw 2369)

Andreas Kossert
Ostpreußen
(bw 2833)

Josef Wiesehöfer
Das frühe Persien
(bw 2107)

NEU
Jürgen Heyde
Geschichte Polens
(bw 2385)

Walther L. Bernecker
Horst Pietschmann
Geschichte Portugals
(bw 2156)

Monika Wienfort
Geschichte Preußens
(bw 2456)

Andreas Kappeler
Russische Geschichte
(bw 2076)

Arno Herzig
Geschichte Schlesiens
(bw 2843)

Bernhard Maier
Geschichte Schottlands
(bw 2844)

Volker Reinhardt
Geschichte der Schweiz
(bw 2401)

Martin Dreher
Das antike Sizilien
(bw 2437)

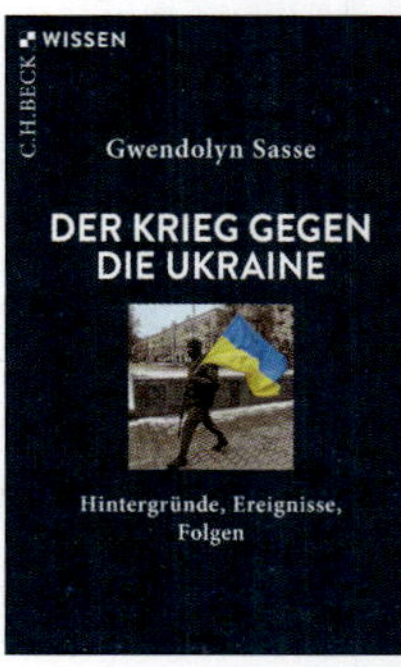

Thomas Dittelbach
Geschichte Siziliens
(bw 2490)

Harm G. Schröter
Geschichte Skandinaviens
(bw 2422)

Susanne Schattenberg
Geschichte der Sowjetunion
(bw 2935)

Georg Bossong
Das Maurische Spanien
(bw 2395)

Walther L. Bernecker
Spanische Geschichte
(bw 2111)

Conrad Schetter
Katja Mielke
Die Taliban
(bw 2936)

Joachim Bahlcke
Geschichte Tschechiens
(bw 2797)

Klaus Kreiser
Geschichte der Türkei
(bw 2758)

Horst Dippel
Geschichte der USA
(bw 2051)

DIE DEUTSCHEN BUNDESLÄNDER

Hans-Georg Wehling
Reinhold Weber
Geschichte Baden-Württembergs
(bw 2601)

Wilhelm Volkert
Geschichte Bayerns
(bw 2602)

Bernd Stöver
Geschichte Berlins
(bw 2603)

Peter-Michael Hahn
Geschichte Brandenburgs
(bw 2604)

Konrad Elmshäuser
Geschichte Bremens
(bw 2605)

Martin Krieger
Geschichte Hamburgs
(bw 2606)

Frank-Lothar Kroll
Geschichte Hessens
(bw 2607)

Carl-Hans Hauptmeyer
Geschichte Niedersachsens
(bw 2609)

Christoph Nonn
Geschichte Nordrhein-Westfalens
(bw 2610)

Lukas Clemens
Norbert Franz
Geschichte von Rheinland-Pfalz
(bw 2611)

Wolfgang Behringer
Gabriele Clemens
Geschichte des Saarlandes
(bw 2612)

Frank-Lothar Kroll
Geschichte Sachsens
(bw 2613)

Mathias Tullner
Geschichte Sachsen-Anhalts
(bw 2614)

Robert Bohn
Geschichte Schleswig-Holsteins
(bw 2615)

Steffen Raßloff
Geschichte Thüringens
(bw 2616)

POLITIK

Philipp Lepenies
Armut
(bw 2862)

Eckart Conze
Das Auswärtige Amt
(bw 2744)

Jutta Limbach
Das Bundesverfassungsgericht
(bw 2161)

Bernd Stöver
CIA
(bw 2871)

Hans Vorländer
Demokratie
(bw 2311)

Kiran Klaus Patel
Europäische Integration
(bw 2932)

Wolfgang Krieger
Die deutschen Geheimdienste
(bw 2922)

Stefan Luft
Die Flüchtlingskrise
(bw 2857)

Christoph Möllers
Das Grundgesetz
(bw 2470)

Ottmar Edenhofer
Michael Jakob
Klimapolitik
(bw 2853)

Britta Bannenberg
Dieter Rössner
Kriminalität in Deutschland
(bw 2384)

Dietrich von der Oelsnitz
Management
(bw 2479)

Angelika Nußberger
Die Menschenrechte
(bw 2930)

Thomas Piketty
Ökonomie der Ungleichheit
(bw 2864)

Marcus Llanque
Geschichte der politischen Ideen
(bw 2759)

Manfred G. Schmidt
Das politische System der Bundesrepublik Deutschland
(bw 2371)

Wilfried Röhrich
Die politischen Systeme der Welt
(bw 2128)

Dietmar Willoweit
Reich und Staat
Eine kleine deutsche Verfassungsgeschichte
(bw 2776)

Manfred G. Schmidt
Der deutsche Sozialstaat
(bw 2764)

Bernd Faulenbach
Geschichte der SPD
(bw 2753)

Hanno Beck
Aloys Prinz
Staatsverschuldung
(bw 2742)

Klaus Dieter Wolf
Die UNO
(bw 2378)

Angelika Nußberger
Das Völkerrecht
(bw 2478)

Werner Plumpe
Wirtschaftskrisen
(bw 2701)

RELIGION

Mirko Breitenstein
Die Benediktiner
(bw 2894)

Konrad Schmid
Die Bibel
(bw 2928)

Axel Michaels
Buddha
(bw 2717)

Helwig Schmidt-Glintzer
Der Buddhismus
(bw 2367)

Jörg Lauster
Das Christentum
(bw 2933)

Martin Tamcke
Das orthodoxe Christentum
(bw 2339)

Wolfram Kinzig
Christenverfolgung in der Antike
(bw 2898)

Hans van Ess
Der Daoismus
(bw 2721)

Jens Schröter
Die apokryphen Evangelien
(bw 2906)

Helmut Feld
Franziskus von Assisi
(bw 2170)

Christoph Markschies
Die Gnosis
(bw 2173)

Peter Gemeinhardt
Die Heiligen
(bw 2498)

Bernhard Lang
Himmel, Hölle, Paradies
(bw 2900)

Heinz Halm
Der Islam
(bw 2145)

Markus Friedrich
Die Jesuiten
(bw 2926)

Jens Schröter
Jesus
(bw 2916)

Stefan Samerski
Johannes Paul II.
(bw 2435)

Günter Stemberger
Jüdische Religion
(bw 2003)

Christoph Auffarth
Die Ketzer
(bw 2383)

Volker Leppin
Geschichte der christlichen Kirchen
(bw 2499)

NEU
Hartmut Leppin
Die Kirchenväter und ihre Zeit
(bw 2141)

Hans van Ess
Der Konfuzianismus
(bw 2306)

Hartmut Bobzin
Der Koran
(bw 2109)

Thomas Kaufmann
Martin Luther
(bw 2388)

Hartmut Bobzin
Mohammed
(bw 2144)

Lorenz Korn
Die Moschee
(bw 2573)

Eckart Otto
Mose
(bw 2400)

Volker Leppin
Die christliche Mystik
(bw 2415)

Georg Denzler
Das Papsttum
(bw 2065)

Alexander Demandt
Pontius Pilatus
(bw 2747)

Friedrich Wilhelm Graf
Der Protestantismus
(bw 2108)

Luise Schorn-Schütte
Die Reformation
(bw 2054)

Heinz Halm
Die Schiiten
(bw 2358)

Annemarie Schimmel
Sufismus
(bw 2129)

Thomas Kaufmann
Die Täufer
(bw 2897)

Christoph Levin
Das Alte Testament
(bw 2160)

Gerd Theißen
Das Neue Testament
(bw 2192)

Manfred Hutter
Die Weltreligionen
(bw 2365)

Michael Stausberg
Zarathustra und seine Religion
(bw 2370)

Matthias Köckert
Die Zehn Gebote
(bw 2430)

Oliver Primavesi
Christof Rapp
Aristoteles
(bw 2865)

Werner Schneiders
Das Zeitalter der Aufklärung
(bw 2058)

Otfried Höffe
Ethik
(bw 2800)

Otfried Höffe
Gerechtigkeit
(bw 2168)

Annemarie Pieper
Gut und Böse
(bw 2077)

Günter Zöller
Hegels Philosophie
(bw 2912)

NEU
Gabriele Gava
Achim Vesper
Kants Philosophie
(bw 2901)

NEU
Dietmar von der Pfordten
Menschenwürde
(bw 2856)

Christof Rapp
Metaphysik
(bw 2809)

Albert Newen
Philosophie des Geistes
(bw 2806)

Die Geschichte der Philosophie

Christoph Horn
Philosophie der Antike
(bw 2820)

Loris Sturlese
Philosophie im Mittelalter
(bw 2821)

Johannes Haag
Markus Wild
Philosophie der Neuzeit
(bw 2822)

Günter Zöller
Philosophie des 19. Jahrhunderts
(bw 2823)

Thomas Rentsch
Philosophie des 20. Jahrhunderts
(bw 2824)

Norman Sieroka
Philosophie der Physik
(bw 2803)

Klaus Kornwachs
Philosophie der Technik
(bw 2805)

Norman Sieroka
Philosophie der Zeit
(bw 2886)

Hans van Ess
Chinesische Philosophie
(bw 2919)

Ulrich Rudolph
Islamische Philosophie
(bw 2352)

Dietmar von der Pfordten
Rechtsphilosophie
(bw 2801)

Michel Soëtard
Jean-Jacques Rousseau
(bw 2734)

Rahel Jaeggi
Robin Celikates
Sozialphilosophie
(bw 2804)

Pirmin Stekeler-Weithofer
Sprachphilosophie
(bw 2802)

Dirk Kaesler
Max Weber
(bw 2726)

Nils Ole Oermann
Wirtschaftsethik
(bw 2845)

Holm Tetens
Wissenschaftstheorie
(bw 2808)

Michael von Brück
Zen
(bw 2344)

Anna Kathrin Bleuler
Der Codex Manesse
(bw 2882)

Franziska Meier
Dantes Göttliche Komödie
(bw 2880)

Therese Fuhrer
Martin Hose
Das antike Drama
(bw 2729)

Rudolf Simek
Die Edda
(bw 2419)

NEU
Walther Sallaberger
Das Gilgamesch-Epos
(bw 2443)

Dorothea Hölscher-Lohmeyer
Johann Wolfgang Goethe
(bw 2127)

Michael Jaeger
Goethes «Faust»
(bw 2903)

Dieter Burdorf
Friedrich Hölderlin
(bw 2712)

Thomas Anz
Franz Kafka
(bw 2473)

Gerhard Schulz
Sabine Doering
Klassik
(bw 2329)

Hans Joachim Kreutzer
Heinrich von Kleist
(bw 2716)

Friedrich Vollhardt
Gotthold Ephraim Lessing
(bw 2789)

Dirk von Petersdorff
Literaturgeschichte der Bundesrepublik Deutschland
(bw 2733)

Mario Klarer
Literaturgeschichte der USA
(bw 2769)

Dirk von Petersdorff
Geschichte der deutschen Lyrik
(bw 2434)

Niklas Holzberg
Ovids Metamorphosen
(bw 2421)

Bernhard Zimmermann
Homers Odyssee
(bw 2908)

Gert Ueding
Klassische Rhetorik
(bw 2000)

Gert Ueding
Moderne Rhetorik
(bw 2134)

Thomas Baier
Geschichte der Römischen Literatur
(bw 2446)

NEU
Stefan Matuschek
Die Romantik
(bw 2950)

Peter-André Alt
Friedrich Schiller
(bw 2357)

Thomas O. Höllmann
Die chinesische Schrift
(bw 2849)

Harald Haarmann
Geschichte der Schrift
(bw 2198)

Hans-Dieter Gelfert
Shakespeare
(bw 2055)

Jürgen Trabant
Die Sprache
(bw 2464)

Thorsten Roelcke
Geschichte der deutschen Sprache
(bw 2480)

Bernd Seidensticker
Das antike Theater
(bw 2496)

Andreas Englhart
Das Theater der Gegenwart
(bw 2779)

Ulrich Schmid
Lew Tolstoi
(bw 2493)

Markus Janka
Vergils Aeneis
(bw 2884)

Jürgen von Stackelberg
Voltaire
(bw 2402)

Die große Geschichte der Kunst

Von der Antike bis zur Gegenwart

Tonio Hölscher
Die griechische Kunst
(bw 2551)

Paul Zanker
Die römische Kunst
(bw 2552)

Johannes G. Deckers
Die frühchristliche und byzantinische Kunst
(bw 2553)

Lorenz Korn
Geschichte der islamischen Kunst
(bw 2570)

Bruno Reudenbach
Die Kunst des Mittelalters
Band I: 800 bis 1200
(bw 2554)

Klaus Niehr
Die Kunst des Mittelalters
Band II: 1200 bis 1500
(bw 2555)

Andreas Tönnesmann
Die Kunst der Renaissance
(bw 2556)

Dietrich Erben
Die Kunst des Barock
(bw 2557)

Andreas Beyer
Die Kunst des Klassizismus und der Romantik
(bw 2558)

Michael F. Zimmermann
Die Kunst des 19. Jahrhunderts
(bw 2559)

Uwe M. Schneede
Die Kunst der Klassischen Moderne
(bw 2560)

Philip Ursprung
Die Kunst der Gegenwart
(bw 2561)

Kerstin Pinther
Die Kunst Afrikas
(bw 2575)

Winfried Nerdinger
Das Bauhaus
(bw 2883)

Uwe M. Schneede
Max Beckmann
(bw 2515)

Nils Büttner
Hieronymus Bosch
(bw 2516)

Frank Zöllner
Botticelli
(bw 2505)

Nils Büttner
Pieter Bruegel d. Ä.
(bw 2521)

Alexander Markschies
Brunelleschi
(bw 2540)

Sybille Ebert-Schifferer
Caravaggio
(bw 2525)

Götz Adriani
Paul Cézanne
(bw 2506)

Michael F. Zimmermann
Lovis Corinth
(bw 2509)

Melanie Kurz
Thilo Schwer
Geschichte des Designs
(bw 2938)

Uwe M. Schneede
Otto Dix
(bw 2522)

Thomas Schauerte
Albrecht Dürer
(bw 2524)

Werner Busch
Caspar David Friedrich
(bw 2526)

Michael Viktor Schwarz
Giotto
(bw 2503)

Uwe M. Schneede
Vincent van Gogh
(bw 2310)

Werner Busch
Goya
(bw 2520)

Oskar Bätschmann
Hans Holbein d. J.
(bw 2513)

Matthias Haldemann
Kandinsky
(bw 2519)

Christian Rümelin
Paul Klee
(bw 2500)

Oskar Bätschmann
Edouard Manet
(bw 2518)

Werner Busch
Adolph Menzel
(bw 2501)

NEU
Claudia Echinger-Maurach
Michelangelo
(bw 2528)

Felix Krämer
Claude Monet
(bw 2517)

Ina Conzen
Pablo Picasso
(bw 2527)

Jürg Meyer zur Capellen
Raffael
(bw 2510)

Nils Büttner
Peter Paul Rubens
(bw 2504)

Frank Büttner
Philipp Otto Runge
(bw 2507)

Wilhelm Schlink
Tizian
(bw 2508)

Monika Wagner
William Turner
(bw 2514)

Nils Büttner
Vermeer
(bw 2511)

Felix Thürlemann
Rogier van der Weyden
(bw 2502)

Dorothea Arnold
Die ägyptische Kunst
(bw 2550)

NEU
Philip Ursprung
Architektur der Gegenwart
(bw 2563)

Norbert Huse
Geschichte der Architektur im 20. Jahrhundert
(bw 2455)

Dietrich Erben
Architekturtheorie
(bw 2874)

Helmut Brinker
Die chinesische Kunst
(bw 2571)

Wolfgang Kemp
Geschichte der Fotografie
(bw 2727)

Felix Müller
Die Kunst der Kelten
(bw 2574)

Ulrich Pfisterer
Die Sixtinische Kapelle
(bw 2562)

Dorothea Schröder
Johann Sebastian Bach
(bw 2738)

Egon Voss
Bachs Konzerte
(bw 2212)

Siegfried Mauser
Beethovens Klaviersonaten
(bw 2200)

Dieter Rexroth
Beethovens Symphonien
(bw 2209)

Matthias Schmidt
Johannes Brahms. Die Lieder
(bw 2224)

Hans-Joachim Hinrichsen
Bruckners Sinfonien
(bw 2225)

Thomas Kabisch
Chopins Klaviermusik
(bw 2227)

Hanspeter Krellmann
Griegs lyrische Klavierstücke
(bw 2216)

Dorothea Schröder
Georg Friedrich Händel
(bw 2453)

Claus Bockmaier
Händels Oratorien
(bw 2215)

Arnold Werner-Jensen
Joseph Haydn
(bw 2468)

Gottfried Scholz
Haydns Oratorien
(bw 2217)

Michael Walter
Haydns Sinfonien
(bw 2213)

Georg Feder
Haydns Streichquartette
(bw 2203)

Christoph Kammertöns
Das Klavier
Instrument und Musik
(bw 2752)

Wolfgang Dömling
Franz Liszt
(bw 2711)

Ulrich Müller
Andrew Lloyd Webbers Musicals
(bw 2214)

Constantin Floros
Gustav Mahler
(bw 2489)

Peter Revers
Mahlers Sinfonien
(bw 2228)

Andreas Eichhorn
Felix Mendelssohn Bartholdy
(bw 2449)

Gernot Gruber
Wolfgang Amadeus Mozart
(bw 2376)

Marius Flothuis
Mozarts Klavierkonzerte
(bw 2201)

Siegfried Mauser
Mozarts Klaviersonaten
(bw 2223)

Manfred Hermann Schmid
Mozarts Opern
(bw 2218)

Marius Flothuis
Mozarts Streichquartette
(bw 2204)

Hans Maier
Die Orgel
(bw 2794)

Gerd Uecker
Puccinis Opern
(bw 2226)

Siegfried Schmalzriedt
Ravels Klaviermusik
(bw 2210)

Peter Wicke
Rock und Pop
(bw 2739)

Hans-Joachim Hinrichsen
Franz Schubert
(bw 2725)

Elmar Budde
Schuberts Liederzyklen
(bw 2207)

Arnfried Edler
Robert Schumann
(bw 2474)

Martin Demmler
Schumanns Sinfonien
(bw 2211)

Joachim Brügge
Jean Sibelius
(bw 2219)

Laurenz Lütteken
Richard Strauss. Die Opern
(bw 2222)

Dorothea Redepenning
Peter Tschaikowsky
(bw 2855)

Anselm Gerhard
Giuseppe Verdi
(bw 2754)

Sabine Henze-Döhring
Verdis Opern
(bw 2221)

Egon Voss
Richard Wagner
(bw 2766)

Wilhelm Feuerlein
Alkoholismus
(bw 2033)

Hans-Uwe Simon
Asthma
(bw 2095)

NEU
Helmut Remschmidt
Sanna Stroth
Autismus
(bw 2147)

Ingeborg Hedderich
Burnout
(bw 2465)

Hans Förstl
Alzheimer und Demenz
(bw 2923)

Rudhard Klaus Müller
Doping
(bw 2345)

Hansjörg Schneble
Epilepsie
(bw 2047)

Hans Markowitsch
Das Gedächtnis
(bw 2460)

Friedrich Strian
Das Herz
(bw 2098)

Franzis Preckel
Tanja Gabriele Baudson
Hochbegabung
(bw 2786)

Stefan Kaufmann
Impfen
(bw 2925)

Joachim Funke
Bianca Vaterrodt
Was ist Intelligenz?
(bw 2088)

NEU
Karl-Heinz Leven
Geschichte der Medizin
(bw 2452)

Matthias Keidel
Migräne
(bw 2408)

Michael Wirsching
Paar- und Familientherapie
(bw 2361)

Jörg Hacker
Pandemien
(bw 2917)

Rolf Reber
Psychologie
(bw 2924)

Otto Benkert
Psychopharmaka
(bw 2013)

Michael Wirsching
Psychotherapie
(bw 2119)

Thomas Köhler
Rauschdrogen
(bw 2445)

Rebecca Böhme
Resilienz
(bw 2895)

Heinz Häfner
Schizophrenie
(bw 2497)

Joachim Röschke
Klaus Mann
Schlaf und Schlafstörungen
(bw 2089)

Jürgen Dittmann
Der Spracherwerb des Kindes
(bw 2300)

NEU
Nando Belardi
Supervision und Coaching
(bw 2157)

Paul U. Unschuld
Traditionelle Chinesische Medizin
(bw 2796)

Andreas Maercker
Trauma und Traumafolgestörungen
(bw 2863)

Claus Leitzmann
Veganismus
(bw 2885)

Claus Leitzmann
Vegetarismus
(bw 2176)

Susanne Modrow
Viren
(bw 2177)

Hans Konrad
Biesalski
Vitamine
(bw 2060)

Vanamali Gunturu
Yoga
(bw 2915)

Otto Benkert
Martina
Lenzen-Schulte
Zwangskrankheiten
(bw 2066)

Walter Kirchner
Die Ameisen
(bw 2152)

Dieter B. Herrmann
Antimaterie
(bw 2104)

Christian von Hirschhausen
Atomenergie
(bw 2944)

Karl Weiß
Bienen und Bienenvölker
(bw 2067)

Bruno Streit
Was ist Biodiversität?
(bw 2417)

Thomas Junker
Geschichte der Biologie
(bw 2334)

Werner Nachtigall
Bionik
Lernen von der Natur
(bw 2436)

Angela Schuh
Biowetter
Wie das Wetter unsere Gesundheit beeinflusst
(bw 2416)

Sibylle Anderl
Dunkle Materie
(bw 2934)

Hubert Goenner
Albert Einstein
(bw 2839)

Hubert Goenner
Einsteins Relativitätstheorien
(bw 2069)

Peter Hennicke
Manfred Fischedick
Erneuerbare Energien
(bw 2412)

Thomas Junker
Die Evolution des Menschen
(bw 2409)

Albrecht Beutelspacher
Geheimsprachen und Kryptographie
(bw 2071)

Hartmut Grote
Gravitationswellen
(bw 2879)

Klaus Honomichl
Insekten
(bw 2048)

Heinrich Zankl
Von der Keimzelle zum Individuum
Biologie der Schwangerschaft (bw 2149)

Stefan Rahmstorf
Hans-Joachim Schellnhuber
Der Klimawandel
(bw 2366)

NEU
Manuela Lenzen
Künstliche Intelligenz
(bw 2904)

Thomas Walther
Herbert Walther
Was ist Licht?
(bw 2122)

Siegmund Brandt
Geschichte der modernen Physik
(bw 2723)

Georg Schön
Pilze
(bw 2360)

Dieter Hoffmann
Max Planck
(bw 2442)

Gert-Ludwig Ingold
Quantentheorie
(bw 2186)

Franz M. Wuketits
Was ist Soziobiologie?
(bw 2199)

Helmuth Schneider
Geschichte der antiken Technik
(bw 2432)

Marcus Popplow
Technik im Mittelalter
(bw 2482)

Linda Maria Koldau
Tsunamis
(bw 2770)

Hans-Joachim Blome
Harald Zaun
Der Urknall
(bw 2337)

Albrecht Beutelspacher
Zahlen
(bw 2751)

K

L

M

N

O

C.H.BECK WISSEN

Die bibliographischen Angaben in diesem Prospekt sind ca.-Angaben.
Preisänderungen u. Irrtümer vorbehalten • Stand: 20. Dezember 2023 • Bestellnr. 258467

WWW.CHBECK.DE

III. Supervision und Coaching nach dem Zweiten Weltkrieg

Nach 1945 kamen deutschsprachige Emigranten aus englischsprachigen Ländern zurück und brachten moderne Sozialarbeit und Pädagogik sowie eine beziehungsorientierte Supervision nach Europa. Aber auch deutsche Experten hatten bei Studienaufenthalten die Supervision in den USA kennen gelernt.

1. Die Supervision beginnt

Der erste deutsche Text über Supervision. Vom Lüneburger Psychologie-Professor *Eduard Hapke* (1896–1972) stammt die früheste und sicherlich immer noch eindrucksvolle Beschreibung der Supervision:

1. «Wo steht der Klient innerlich, wie fühlt er, wie erlebt er von seinem Platz aus die Situation?»
2. «Wie fühlt der Helfer; steht er vielleicht mit unbemerkten Empfindungen, Reizbarkeiten, Vorurteilen, sentimentalen Wallungen sich selbst im Weg? Immer bezieht sich das Gespräch auf den praktischen ‹Fall›, immer fragt es nach dem Fühlen und der Haltung der beteiligten Menschen.»
   (Hapke 1952, S. 2)

Die Beratungspraxis in der Supervision wurde schon damals von Hapke in einer Weise interpretiert, die wir heute in der Wissenschaft *hermeneutisches Verfahren* oder *Fallanalyse* nennen. Der Supervisor «versucht zu hören, was nicht gesagt, was verschwiegen, was als selbstverständlich vorausgesetzt wird. Daraus erwächst für das Gespräch ein Thema. Die Form der Gesprächsführung ist weitgehend die weckende Frage, *client-centered,* immer im Hören auf das mutmaßliche Fühlen des anderen.» Schon damals konnte Supervision leichter als das definiert werden, was sie *nicht* ist: «Supervision ist nicht Seelsorge und nicht Psychotherapie, so dicht oft die Nachbarschaft werden mag. Das Bezogenbleiben auf den Fall ist Schutz gegen eine Ausweitung, die die Supervision sprengen müsste. Den Abschluss des Gesprächs bildet die Frage nach dem ‹nächsten Schritt›» (S. 4). Hier haben wir es mit der wohl frühesten und immer noch gültigen Abgrenzung von Supervision zur Psychotherapie zu tun: *Berufsbezogenheit* und *Fallorientierung*. Mit Hilfe der Supervision sollten die Sozialarbeiter zu einem professionellen Verhältnis ihren Klienten gegenüber gelangen, also die «Entprivatisierung der Beziehung zum Klienten» betreiben. Denn wer berufliche Aufgaben und private Bedürfnisse zu sehr durcheinanderbringt, wird rasch an seine Grenzen stoßen.

Wie ging es weiter mit der Supervision in Deutschland? In der Zeit nach 1960 konnte sich die Supervision an den damaligen Wohlfahrtsschulen etablieren. Es gab ungefähr 200 Supervisoren, die dort meistens als «Praxislehrer» beschäftigt waren. Dabei wollte man den amerikanischen Begriff «Supervision» vermeiden und sprach lieber von *Praxisanleitung* (bei Studenten) bzw. *Praxisberatung* (bei Berufstätigen). Seit Anfang der 1970er Jahre kam die Ausbildung für die Sozialberufe an die Fachhochschulen. Dort jedoch fand die Supervision wenig Platz in den Lehrplänen. Sie wurde seitdem vorwiegend von Weiterbildungseinrichtungen der Jugendhilfe- und Wohlfahrtsverbände, privaten Instituten sowie von Ablegern psychotherapeutischer Ausbildungsstätten als neues Geschäftsmodell angeboten. Viele dieser Institutionen gründeten im Jahre 1989 die «Deutsche Gesellschaft für Supervision e. V.» (DGSv), der inzwischen etwa 30 anerkannte Institutionen und 4400 Einzelmitglieder angehören. Seit 2016 hat sich die DGSv auch namensmäßig dem Coaching geöffnet. Denn von diesen über 4400 DGSv-Mitgliedern verfügen mehr als 3000 auch über eine Ausbildung in Coaching. Verbandsintern gab es dazu kritische Stimmen. Doch die Hinwendung zum Coaching wurde auch damit erklärt, dass Mitglieder der DGSv durch ihre höheren Ausbildungsstandards das Niveau des Coaching heben könnten. Beispielsweise schrieb Fortmeier, der Geschäftsführer des großen deutschen Supervisionsverbandes (DGSv), zum Coaching: Die Idee dahinter ist, «das Coaching aus der *Schmuddelecke* zu holen: Was ist gegen Coaching in Supervisionsqualität einzuwenden?» (Journal DGSv 3/2015, S. 21). Hierbei wird ein Verbandsinteresse deutlich.

Auf diese Weise sind mit der Supervision (und seit etwa 2000 mit dem Coaching) *zwei neue Berufe* für berufsbezogene (und nicht persönlich-private) Beratung mit folgenden Merkmalen entstanden:

Supervision wird teilweise Pflicht. In einigen Arbeitsbereichen ist Supervision sogar verpflichtend. «Die vom Bundesministerium für Arbeit und Sozialordnung herausgegebene *Psychiatrie-Personalverordnung (Psych-PV)*, in der die Tätigkeit von psychiatrischem Pflegepersonal detailliert beschrieben wird, verlangt Supervision beziehungsweise Balint-Gruppenarbeit in 14-tägigem Rhythmus.» Spätestens seit dem «Achten Jugendbericht» der Bundesregierung gilt Supervision als ein anerkanntes Verfahren für die Weiterbildung im Sozialwesen (Bundesminister 1990, S. 166ff.). In Einrichtungen der Suchtberatung und Erziehungsberatung findet regelmäßig Supervision statt.

Auch hat die DGSv ihre Mitglieder darüber informiert, dass das «Bundesamt für Migration und Flüchtlinge» felderfahrene Supervisoren sucht, um Entscheider im Asylverfahren zu unterstützen (Journal Supervision 1/2015).

Supervision gilt ebenfalls vor Gericht als Qualitätsnachweis. Wenn Sozialarbeitern oder Pflegern der Vorwurf gemacht wird, sie hätten nicht sorgfältig gearbeitet, wird häufig untersucht, ob Teamgespräche bzw. Supervision stattgefunden haben. Im Gegensatz zur Psychotherapie ist die Verwendung der Begriffe Supervision und Coaching nicht geschützt.

Akademisierung. An der Universität Kassel hatte man schon im Jahre 1975 den ersten Studiengang «Diplom-Supervision» eingerichtet; andere Hochschulen (z. B. Hannover, Freiburg, Kempten, Amsterdam) folgten. Inzwischen existieren mehrere Professuren für Beratung bzw. Supervision. Seit über einem Vierteljahrhundert kann man an verschiedenen deutschen Hochschulen – oft berufsbegleitend – den akademischen Grad eines

Diplom-Supervisors bzw. Masters für Supervision (teilweise auch in Verbindung mit Coaching und Organisationsentwicklung) erwerben.

Verwissenschaftlichung. Seit 1982 gibt es in Deutschland die Fachzeitschrift «Supervision». Erst ein Jahr später startete in den USA «The Clinical Supervisor». Im Jahre 1993 erschien «Forum Supervision». Ein Jahr danach folgte «Organisationsberatung, Supervision, Coaching». Inzwischen sind mehrere Handbücher und empirische Untersuchungen über Supervision und ihre Erfolge erschienen (vgl. S. 106 ff., 121). Insgesamt beträgt das deutschsprachige Schrifttum zur Supervision (Aufsätze und Bücher) mindestens 3000 Titel. Seit der ersten Dissertation über Supervision von Margarete Ringshausen-Krüger über «Die Supervision in der deutschen Sozialarbeit» (Frankfurt am Main 1977) sind sicherlich Hunderte von Diplomarbeiten und einige Dutzend Doktorarbeiten sowie mindestens fünf Habilitationsschriften (Belardi 1992; Gaertner 1999; Möller 2001; Oberhoff 2000; Rappe-Giesecke 2008) über Supervision und Coaching angefertigt worden.

Unüberschaubarkeit. Das Schrifttum wird immer schwerer überschaubar. Denn oft handelt es sich um selbstfinanzierte akademische Abschlussarbeiten mit geringer Auflage und hohen Preisen. Diese werden auch meistens nicht lektoriert, so dass die Qualität zweifelhaft ist. Oft wird versucht, eine Supervisions- bzw. Coaching-Methode mit einem bestimmten Berufsfeld (z. B. Pflege, Schule) und/oder einer speziellen Methodik (z. B. Systemische Beratung, Psychoanalyse oder Provokative Therapie) zu verbinden. Wer in einer Buchhandlung, Bibliothek oder im Internet nach Publikationen über Supervision und Coaching sucht, kann von der Fülle der Veröffentlichungen erschlagen werden. Es gibt mindestens zehn Titel zu «Coach dich selbst» und vielleicht mehr noch über Techniken oder Tipps sowie Rezepte, die als «Coaching-Tools» angepriesen werden. Teilweise sind bei den verheißungsvollen Titeln die Grenzen zwischen seriösem Coaching für Leitungskräfte, Coaching für verschiedene Fragen des Lebens und esoterischen Themen («Astro-Coaching») fließend (S. 53 ff.). Die Datenbank der Stadtbibliothek Köln enthält zum Stichwort «Coaching» über 350 Titel.

Um sich am seriösen Coaching-Markt zu orientieren, ist es hilfreich, den kostenlosen «Coaching-Newsletter» von Rauen zu bestellen. Derzeit gibt es etwa 37 500 Empfänger (www.rauen.de).

2. Begriffsverschiebungen, Überschneidungen und Gemeinsamkeiten

Wie viele Aktivitäten und Veröffentlichungen des letzten Jahrzehnts zeigen, hat die Supervision längst ihre ursprünglichen Felder der psychosozialen, pädagogischen und gesundheitlichen Berufe verlassen und Angebote in Wirtschaft und Verwaltung unterbreiten können. Diese Hinwendung zum Profit-Bereich war nicht ganz einfach, denn es standen sich doch anfangs scheinbar unversöhnliche Welten gegenüber: hier die «guten» Menschen aus den Helferberufen und dort die «bösen» aus der profitorientierten Wirtschaft.

Vom Non-Profit- zum Profit-Sektor? In Wirklichkeit ist es nicht so, dass im Non-Profit-Bereich nur ethisch hohe Ziele verfolgt werden oder dass im Profit-Bereich die reine Gewinnmaximierung im Vordergrund steht. Immer mehr Unternehmen des Sozial- und Gesundheitswesens müssen sich stärker an Prinzipien der Wirtschaftlichkeit und der Gewinnerzielung orientieren. Demgegenüber haben auch primär erwerbswirtschaftliche Unternehmen nicht nur ökonomische Ziele zu berücksichtigen, sondern praktizieren schon lange moderne, an humanistischen Methoden orientierte Formen der Weiterbildung im Rahmen ihrer Personalentwicklung. Angesichts des Fachkräftemangels gilt es, gutes Personal zu halten und zu motivieren. Damit nähern sich auch die beruflichen Anforderungen der ursprünglich getrennten Erwerbsbereiche teilweise mehr an, so dass es auch nach Fortmeier, dem ehemaligen Geschäftsführer der DGSv, fraglich scheint, ob die begriffliche Trennung von Non-Profit-

und Profit-Sektor beim Thema Supervision oder Coaching noch so aufrechtzuerhalten ist. Hinzu kommt, dass beide Beratungsformate nicht von starren Konzepten oder Theorien ausgehen sollten, sondern sich auf die jeweiligen Bedürfnisse ihrer Klientel einzustellen haben (Journal Supervision 3/2015, S. 21).

Im Folgenden werden die Unterschiede zwischen dem Non-Profit- und dem Profit-Bereich weitgehend vernachlässigt. Schon lange bevor Coaching als Begriff so populär wurde, gab es einen Übergangsbereich von der Supervision in den Coaching-Sektor. Früher benutzte man bei vielen der folgenden Tätigkeiten eher noch den Terminus Supervision. Mit dem Aufkommen von Coaching wird zunehmend dieser neue Begriff verwendet. So kommt es zu Überschneidungen und begrifflicher Unschärfe.

Polizei, Rettungskräfte, Bundeswehr. Über Beratungstätigkeit bei der *Polizei* liegen mehrere Publikationen vor (z.B. Ricken 1994; Freitag 2015). Diese Berufsgruppe ist in besonderem Maße psychischen Belastungen und sozialem Druck ausgesetzt. Polizeibeamte sehen sich oft mit Situationen konfrontiert, die starken Handlungsdruck nach sich ziehen, für die es aber keine eindeutigen Vorgaben gibt. Die Betroffenen müssen individuell als *Person* und gleichzeitig in ihrer *Berufsrolle* agieren. Supervision bietet dabei eine gute Möglichkeit der Reflexion. Auch Mitglieder von «Sondereinsatzkommandos» (SEK) der Polizei erhalten supervisionsähnliche Beratung während und nach kritischen Einsätzen, beispielsweise nach Geiselnahmen oder Schusswaffengebrauch.

Im Jahre 1995 kam es in Köln zu einer Geiselnahme, in deren Verlauf der Geiselnehmer von einem Sondereinsatzkommando der Polizei erschossen wurde. Einige Polizeibeamte äußerten danach, dass es bei ihnen zu «persönlichen Problemen» gekommen sei. «Durch eine Supervision, die Polizeibeamte aus anderen Städten geleitet hatten, sei das Problem nun zunächst beigelegt worden.»

Heute würde man das als Coaching oder Trauma-Beratung bezeichnen. Welche psychischen Belastungen Polizeibeamte und

Rettungskräfte nach Unfällen und Gewalttaten teilweise unbegleitet mit sich herumtragen müssen, ist beachtlich.

Beispielsweise erhält eine Polizeibeamtin oder ein Polizeibeamter als Mitglied einer Arbeitsgruppe zur Bekämpfung des sexuellen Missbrauchs an Kindern mit Hilfe von Supervisionsgesprächen Entlastung. Sie könnten sonst schwerlich den Druck und die Aggressionen, die durch den täglichen Umgang mit sexuellem Missbrauch der Kinder entstanden sind, abbauen.

Oft hilft ein einfaches entlastendes Gespräch, um von Zweifeln am eigenen Handeln oder von quälenden Schuldgefühlen befreit zu werden. Hier sehen wir einen weiteren Übergangsbereich zu «Krisenintervention» (S. 69 ff.), «Trauma-Beratung» bzw. «Trauma-Therapie».

Bekannt ist auch ein Beitrag über Supervision bei Mitarbeitern der Feuerwehr (Gorißen 2014). In den Medien und in der Fachliteratur mehren sich die Berichte von Angehörigen der Bundeswehr, die nach Auslandseinsätzen z. T. schwer traumatisiert zurückgekommen waren. Für solche Tätigkeiten ist eine Weiterbildung in «Trauma-Therapie» sinnvoll.

Kirche. Ein weiteres Anwendungsfeld ist die Supervision im *kirchlichen Bereich*. So ist die Tätigkeit von Gemeindepfarrern nicht nur facettenreich, sondern sie birgt auch die Gefahr von Überforderung. Neben Gottesdiensten, Haus- und Krankenbesuchen, Taufen, Seelsorge, Sterbebegleitung, Beerdigungen sind noch Kommunions- bzw. Konfirmandenunterricht, die Aufsicht über einen Kindergarten, ein Jugend- oder Gemeindezentrum und die Führung eines Gemeindebüros zu leisten. Die meisten Geistlichen sind darin nicht vollumfänglich ausgebildet. Ursprünglich an theologischen Fragen interessiert, finden sie sich nun in Rollen als Sozialarbeiter, Therapeut, Lehrer und Manager wieder. Auch der Umgang mit dem Gemeindevorstand und der kirchlichen Hierarchie will gelernt sein. Zunehmend wird die Supervision im seelsorgerischen Bereich deshalb als «pastoralpsychologischer Dienst» verstanden. Solche Hilfen sollen der «inneren Ermüdung», also den Folgen des *Burn-out* (S. 72 f.), entgegenwirken. Deswegen haben einige Landeskirchen schon Richtlinien zur Supervision und Weiterbildung von Pfarrern sowie anderen kirchlichen Mitarbeitern erlassen. Heute würde man das «Pfarrer-Coaching» nennen, denn die Leitungsaufgaben stehen im Vordergrund.

Selbständige und «einsame Spezialisten». Viele Angehörige akademisch geprägter Berufe glauben, dass fachliches Können allein ausschlaggebend für den beruflichen Erfolg sei. Wenn sie die kommunikative und organisatorische Seite ihrer Tätigkeit jedoch vernachlässigen oder unterschätzen, können sie ihrer hochgradigen Spezialisierung zum Opfer fallen.

Nach vielen Jahren in der Klinik lässt sich ein Facharzt in freier Praxis nieder. Er ist jetzt zwar sein «eigener Herr», sieht sich allerdings mit vielen neuen und ungewohnten Aufgaben konfrontiert: Organisation einer großen Praxis, Antragswesen und Abrechnungen, Führung mehrerer Arzthelferinnen sowie die großen Diskrepanz zwischen eigenem medizinischen Anspruch und Patientenproblemen, die eigentlich keiner medizinischen Hilfe bedürfen. Diese reichen von «Krankfeiern» bis zum Bedürfnis nach Kontakt und Kommunikation. Für manche ältere Patientin ist neben dem Postboten und der Supermarktverkäuferin nur noch der Arzt eine erreichbare Bezugsperson.

Ein ähnlich gelagertes Anliegen hat ein seit zwölf Jahren in freier Praxis tätiger Zahnarzt.

Zum Erstgespräch brachte er ins Coaching ein Buch über «Burnout» mit, um hervorzuheben, dass er «hochgradig» an dieser «Krankheit leide». Seit über einem Jahr trage er die Anschrift der Beraterin mit sich herum; jetzt endlich habe er den «Schritt» gewagt. Er könne die meisten Patienten nicht mehr ertragen. Schwierig sei es für ihn vor allem, schnell in «körperliche Nähe» kommen zu müssen, Schmerzen zuzufügen, um «helfen» zu können.

Von einem selbständigen Architekten liegt folgender Bericht über seine Erfahrungen mit Supervision vor:

Bisher habe ich technische, kaufmännische oder gewerbliche Berufe eher rein funktional betrachtet. Als Architekt war es mein Ziel, dass der Bauherr durch mein Zuhören, Verstehen, Beraten, Planen und Ausführen einer Baumaßnahme einen größtmöglichen Nutzen für sich erreichen sollte. Über meine persönliche Wirkung bei meinen beruflichen Aktivitäten habe ich mir in der Vergangenheit eigentlich wenig Gedanken gemacht. Zufällig bemerkte ich als nebenamtlicher Dozent in einer beruflichen Weiterbildung, dass mir einige der erwachsenen Teilnehmer durch ihre Verhaltensweisen unangenehm waren. Ich war nicht in der Lage, ihnen das zu sagen. Ein Teilnehmer schien das mitbekommen zu haben. Jedenfalls fragte er mich, weshalb ich im Gespräch mit ihm so «grinsen» würde, ob er mich langweile. Das gab mir zu denken. Zufällig erfuhr ich zur gleichen Zeit aus dem Bekanntenkreis, dass sich Supervision bzw. Coaching genau mit diesen Fragen und ihrer möglichen Lösung beschäftigt. Nach mehreren Wochen hatte ich mich bei einem Supervisor angemeldet. Auf meine Frage, wie das abläuft, erhielt ich die sinngemäße Antwort, dass ich das selbst bestimmen würde. Erst im späteren Verlauf wurde mir klar, was damit gemeint war. In vielen Sitzungen hat er mir so etwas wie einen «Spiegel» vorgehalten. In ihm bekam ich die Wirkung meines Verhaltens auf andere gezeigt. Wie wirken meine Stimme, Sprache, meine Ausdrucksweise und meine Körperhaltung auf die Umgebung? Wird auch etwas anderes verstanden als das, was ich vermeintlich mitgeteilt habe? Wie kann ich das, was ich fachlich vertrete, auch richtig «rüberbringen»? Alle zwei Wochen hatte ich nun Gelegenheit, fernab von der Alltagsroutine die kommunikativen und beziehungsmäßigen Anteile meiner Arbeit zu reflektieren. Was war dabei wichtig und neu? Ich habe gelernt, besser darauf zu achten, wie ich berufliche Beziehungen aufnehme und gestalte. Ich habe erfahren, wo meine «blinden Flecken» liegen, was ich immer wieder bei mir oder anderen übersehe oder umgekehrt leichtfertig in andere «hineinsehe». Weiterhin hat mir die Supervision eine Bestätigung von bisher eher unsicheren Vermutungen gebracht. Bei manchen Themen hatte ich den Eindruck, so oder so ähnlich hast du es vorher schon gewusst, bist dir allerdings nicht sicher gewesen. Diese zunehmende Klarheit war dann sehr hilfreich für die Zukunft. Wichtig war es noch, meine professionelle Rolle als einen Teil von mir zu sehen, aber auch meine persönliche Grenze zu erkennen und zu schützen.

Nach einer Weiterbildung arbeitet dieser Architekt inzwischen als Supervisor und Coach.

Die Fachzeitschrift «Organisationsberatung, Supervision, Coaching» hat dem «Coaching im Mittelstand» ein spezielles Themenheft gewidmet (3/2013).

Modellprojekte. Ferner kennen wir die *Supervision von Modellprojekten:* Modellprojekte sind Vorhaben, die der Erprobung neuer Versorgungssysteme, Arbeitsweisen oder Produkte dienen. Sie haben zwar «Einmaligkeitscharakter», sind aber gleichzeitig eine Art «Probelauf» für eine mögliche dauerhafte Institutionalisierung. Modellprojekte sind aus mehrfachen Gründen kompliziert. Inhaltlich und organisatorisch wird oft Neuland betreten; die Mitarbeiter kommen häufig aus verschiedenen Fachrichtungen und kannten einander vorher nicht. Deswegen neigen sie dazu, ihre jeweilige Einzeldisziplin in den Vordergrund zu stellen, obwohl gerade bei Modellprojekten eine interdisziplinäre Sichtweise und Zusammenarbeit vonnöten ist. Alle diese Gründe führen dazu, dass die Projektmitarbeiter unter hohem Erfolgsdruck stehen. Denn oft hängt vom Gelingen des Modellprojekts die Weiterbeschäftigung ab. Viele Auftraggeber von Modellprojekten in Industrie, Verwaltung oder der freien Wohlfahrt verbinden mit der Finanzierungszusage auch die Erarbeitung einer wissenschaftlichen Dokumentation *(Evaluation)* bzw. eine Projektberatung.

Industrie. *Kleine und mittlere Unternehmer* (KMU) erkennen, dass sie es zunehmend mit speziellen fachfremden Problemen auf psychologischer und organisatorischer Ebene zu tun haben. Im Vergleich zu den Großunternehmen mangelt es diesen Familienunternehmen an spezialisierten Fortbildungsmöglichkeiten, die auf ihre Bedürfnisse zugeschnitten sind.

In den Zeiten der *Lean Production* bzw. von *Lean Management* werden auch die Vorgesetzten auf der mittleren Unternehmensebene umgeschult. Sie müssen sich von der bisherigen Rolle als «Anweiser» zu kooperierenden Gruppenleitern verändern. So folgte «der Ruf nach neuen Rezepten zur Qualifizierung vor Ort» (Dorando/Grün 1993, S. 56f.). Aus diesem Grunde finden Supervisoren auch seit Jahren Beschäftigung in der betriebsinternen Fortbildung von Meistern, Abteilungsleitern sowie anderem Leitungspersonal. Das würde man heute vielleicht (organisationsinternes, S. 78 ff.) «Meister-Coaching» nennen.

Schließlich ist das Honorar, das für die beraterische Leistung im «Profit-Bereich bezahlt wird, um ein Vielfaches höher, als der Berater im Non-Profit-Bereich erhält. Der Wunsch, viel Geld zu verdienen, scheint sich zu erfüllen; die Kargheit und Bedürftigkeit der sozialen Felder hinter sich zu lassen und am Überfluss, der Großzügigkeit und vielleicht auch manchmal der Verschwendung wirtschaftlicher Unternehmen teilzuhaben, ist zweifelsohne ein verführerisches Angebot» (Weigand 1993, S. 9). Auch diese Haltung mag zur Begriffsverlagerung beigetragen haben.

Coaches und Supervisoren für die Fraport AG. Beispielhaft für die Klärung der unterschiedlichen Einsatzmöglichkeiten von Coaching und Supervision in *einer* Organisation ist ein kurzer Beitrag über die Fraport AG. Bekanntlich handelt es sich um ein weltweit führendes Unternehmen im Airport-Business mit über 80 000 Beschäftigten und einem Umsatz von 3,7 Mrd. Euro. Wofür werden Coaches benötigt? Man sucht externe Fachleute für die Beratung von Spitzenkräften der Ebene O (Vorstand) bis zur Ebene 3 (etwa 200 Abteilungsleiter). Aber weshalb braucht die Fraport AG auch Supervisoren? Ganz einfach: Es gibt dort auch Abteilungen und Dienste, die nicht im Leitungsbereich, sondern eher psychosozial tätig sind: psychologische Beratung, Rettungsdienst oder Arbeitsmedizin. Was ist wichtig, um bei der Fraport AG als Coach oder Supervisor tätig sein zu können? Es werden genannt: Mitgliedschaft in einem Fachverband, berufspraktische Felderfahrung, gutes Auftreten im Vorstellungsgespräch, Transparenz, Distanz und bedarfsabhängiges Vorgehen sowie Wirksamkeit in der Beratung und Bereitschaft zur Evaluierung (Schamberger 2017, S. 19).

IV. Was ist Coaching?

Im Gegensatz zur Supervision ist das Coaching wesentlich jünger und hat, bei aller Parallelität in der Gegenwart, doch andere Wurzeln, Inhalte, Schwerpunkte und Ziele.

Im englischen Sprachraum war der *Coachman* ein Kutscher, der die Pferde lenkte und versorgte (Rauen 1999, S. 20). Seit einigen Jahrzehnten kennen wir im deutschen Sprachraum diesen Terminus als Bezeichnung für die Trainer und auch persönlichen Betreuer von jüngeren Spitzensportlern. Viele kennen noch die Coaches des damals jungen Tennisprofis *Boris Becker* oder den Trainer des ehemaligen Profiboxers *Henry Maske*. In dieser Rolle sind schon zwei Elemente des heutigen Coaching enthalten. Der Coach ist selbst kein Sportler (mehr), kennt sich aber fachlich gut aus und hat ein enges persönliches (väterliches) Verhältnis zu seinem oft sehr jungen Sportler. Dieser Begriff wurde in der Folge in der amerikanischen Industrie, speziell im Personalwesen, aber auch in der Wirtschaftspsychologie verwendet, um vor allem Führungskräfte in der Industrie sowie selbständige Spezialisten beruflich und psychologisch zu beraten. Steinke/Steinke beschreiben in einem Aufsatz die «historische Entwicklung von Coaching» (2021).

Der Siegeszug von Coaching. Seit den 1980er Jahren wird Coaching als neue Dienstleistung immer populärer und findet im Sinne von Beratung und Begleitung von Menschen in Managementrollen Verwendung. Vorwiegend ging es dabei um die Führungs- bzw. Leitungsrolle (Schreyögg 2015, S. 110). Coaching ist Leitungsberatung. Dabei geht es auch um «Unterstützung für Freud und Leid im Beruf». Führungspersonen haben Rivalen. Oft sind sie im Beruf einsam und «leiden» unter der «Leiterrolle». Meistens ist es für sie nicht angebracht, berufliche Probleme auf der Mitarbeiterebene zu erörtern. Dabei ist es von untergeordneter Bedeutung, ob es sich um eine Einrichtung handelt, die profit- oder non-profit-orientiert ist (Schreyögg 1995, S. 9).

Ein anderer «Klassiker» der Coaching-Literatur hat eine ähnliche Definition entwickelt: «Ein ‹Coach› ist ein (externer) Einzelberater für personenzentrierte Arbeit mit Führungskräften entlang der Frage, wie die Managementrolle von der Person bewältigt wird» (Loos 1997, S. 15).

Bei Böning ist Coaching eine Variante der Unternehmens- und Personalberatung oder ein Führungskräfte-Entwicklungsinstrumentarium (2002, S. 21). Für diesen Autor sind die Teilnehmer von Coachings mindestens zu 80% Führungskräfte (S. 35).

Rauen ergänzt: Coaching ist ein «interaktiver, personenzentrierter Beratungs- und Betreuungsprozess». Es erfordert «Akzeptanz und Vertrauen» und erlaubt keine «manipulativen Techniken». Coaching findet in «mehreren Sitzungen statt und ist zeitlich begrenzt». Die Beraterinnen und Berater verfügen über psychologische und betriebswirtschaftliche Kenntnisse und praktische Erfahrungen im jeweiligen Berufsfeld (2002, S. 69).

Coaching kann auch von Spezialisten in «einsamen Rollen» benutzt werden (z. B. Ärzte, Architekten, Anwälte, Künstler, Sportler). Im «Coaching-Newsletter» finden wir einen Bericht von Sollmann über seine Unterstützung eines Politik-Spitzenkandidaten während des Wahlkampfes (Februar/März 2017).

Coaching wird in diesem Buch definiert als professionelle Beratung, Begleitung und Unterstützung von Personen mit Führungs- bzw. Steuerungsfunktionen in Organisationen auf der mittleren und oberen Hierarchieebene sowie von (oft einsam arbeitenden) Spezialisten.
Die Fachliteratur kennt weitere Differenzierungen des Coaching:
Business-Coaching als Förderung von Fach- und Führungskräften, die in Unternehmen über Steuerungsfunktion verfügen.
Exekutive- oder *Management-Coaching* ist breiter gefasst und meint die Förderung von Führungskräften, auch in Behörden und Dienstleistungsunternehmen.
Weiterhin kann man Coaching für spezielle Anlässe unterscheiden, wie beispielsweise *Konflikt-Coaching* oder *Newcomer-Coaching*.

Einen anderen Schwerpunkt beinhaltet *Life-Coaching*. Damit ist die «Förderung von Fach- und Führungskräften» gemeint, die mit ihren Managementaufgaben auch ihre gesamte Lebensgestaltung befriedigender fortentwickeln wollen (Schreyögg 2017, S. 49).

Dieses Verständnis begreift Coaching, wie auch die Supervision, als «Metaconsulting», weil beide Male Menschen unterstützt werden, die mit anderen arbeiten. Neben dieser systemischen Gemeinsamkeit sollten die Unterschiede zwischen Coaching und Supervision nicht vernachlässigt werden:

Bei der *Supervision* geht es meistens um Unterstützung für Helfer, die mit anderen Menschen arbeiten, diese beraten, pflegen, erziehen oder beaufsichtigen («Helferkultur»). Beim *Coaching* haben wir es mit der Unterstützung von Leitungspersonen zu tun («Leitungskultur»). Diese sind auch Vorgesetzte und kontrollieren die Arbeitsergebnisse ihrer Mitarbeiter. Ein Beispiel:

Das Pflegepersonal in einem Krankenhaus nimmt an Supervisionssitzungen teil. Dort wird über Patienten sowie die Zusammenarbeit im Team gesprochen.
Die Leitung desselben Krankenhauses bespricht ihre Themen, die aus den Leitungsaufgaben entstehen, mit einem Coach.

Leider wird der Coaching-Begriff inzwischen viel breiter und als inhaltslose Hülse für Beratung jeder Art verwendet. Hierzu ausführlich später (S. 53 ff.).

1. Weshalb kommt man zum Coaching?

Viele Leitungspositionen sind von Ökonomen, Technikern, Naturwissenschaftlern oder Juristen besetzt. Schon aufgrund der inhaltlichen Schwerpunkte in den jeweiligen Studiengängen fehlt es oft an Wissen und Können in den Bereichen Psychologie, Kommunikation oder Mitarbeiterführung (Albrecht/Perrin, 2013). So werden menschliche Konflikte zu eindimensional gesehen, informelle Beziehungen unterschätzt und stattdessen psychosoziale Probleme eher als technische Aufgabe wahrgenommen. Auch deswegen hatte man in der Personalentwicklung entsprechende Instrumente wie Assessment Center oder 360-Grad-Feedback (S. 63) entwickelt.

Die Anlässe für ein Coaching entstehen oft aus einer Leitungsrolle. Schreyögg hat sich auch mit den Problemen neu ernannter Führungskräfte beschäftigt. Diese sind oft, wenn sie von außerhalb kommen, hilflos, weil sie in der neuen Organisation «die dort geltenden informellen Muster überhaupt nicht kennen. Das bedeutet, sie beherrschen die ‹heimlichen Spielregeln› nicht» (Coaching-Magazin 4/2017, S. 13). Das wird auch in folgender Auflistung von Anlässen zum Coaching deutlich. Beispielsweise ging es nach einer Untersuchung von 2016 meistens um:

- neue Aufgaben
- Führungsverantwortung
- Selbstreflexion
- Abgleich Selbst- und Fremdbild
- Führungskompetenzentwicklung
- Persönlichkeits-/Potenzialentwicklung
- Konflikte und Beziehungsthemen
- Organisationsveränderung

(Coaching-Umfrage Deutschland 2016/17, S. 14)

W. Kühl hat 18 Führungskräfte aus dem Bereich der Sozialen Arbeit über die Anlässe, Coaching zu beanspruchen, befragt (2014, S. 41 f.). Die Verteilung der im Coaching bearbeiteten Themen war wie folgt:

- 44 % Konflikte mit Vorgesetzten
- 33 % Konflikte mit Mitarbeitern
- 11 % Konflikte unter Mitarbeitern
- 11 % innere Konflikte zwischen der Klienten- und Leitungsarbeit

Coaching für Nachfolgeregelungen. Es gibt noch einen weiteren Anlass für Coaching, der bei der Supervision im Non-Profit-Bereich nicht vorkommt: Jährlich wird in knapp 30 000 Familienunternehmen eine Nachfolgerin bzw. ein Nachfolger für die Leitung gesucht.

Der Gründer und Alleininhaber einer Maschinenbaufabrik mit etwa 1000 Beschäftigen starb plötzlich und hinterließ kein Testament. Sein ältester Sohn war Ökonom und arbeitete im väterlichen Unternehmen. Der zweite Sohn sollte Maschinenbau studieren, scheiterte im Studium und wurde dann Jurist. Er arbeitete als untergeordneter Anwalt in einer großen Kanzlei in der Nachbarstadt. Dort war er unzufrieden und wollte in den väterlichen Betrieb eintreten. Die jüngere Schwester hatte Kunst studiert und lebte ebenfalls in einer anderen Stadt. Ihr Mann arbeitet als Ökonom und möchte eine leitende Stellung im Unternehmen des Schwiegervaters einnehmen.

Unter Geschwistern können alte Rivalitäten, beispielsweise aus der Kindheit, wieder aktuell werden. Beim Coaching für Nachfolger in Familienunternehmen kann auch Wissen und Können in Gruppendynamik, Familientherapie und Unternehmenskultur helfen, ebenso Erfahrungen in Mediation.

Weitere Fragen können bei der Nachfolge wichtig sein: Existieren Übergabepläne oder Verabredungen zum Eintritt des neuen und Austritt des alten Leiters? (Zeitschrift Supervision 1/2018) Wie hatte der Vorgänger seine berufliche Rolle wahrgenommen? War er eher ein Charismatiker, ein Erneuerer oder ein Verwalter? (Schreyögg 2010, S. 129 ff.) Jüngere Nachfolger sollten ein Mentoring (S. 68) nutzen, und sie können durch Coaching davor bewahrt werden, langjährige ältere Mitarbeiter vor den Kopf zu stoßen. Schon dabei wird deutlich, wie sehr sich das Business- oder Leitungskräfte-Coaching vom «Allerwelts-Coaching» (S. 53 ff.) unterscheidet.

2. Der Supervisions- und Coaching-Markt

Supervisorinnen und Coaches leben vom Weiterbildungsmarkt. Dazu zählen in Deutschland etwa 100 000 Einrichtungen des Sozial- und Gesundheitswesens mit mehreren Millionen Arbeitskräften. Aber auch die deutsche Automobilwirtschaft, in der etwa 800 000 Menschen tätig sind, beschäftigt Berater. Die meisten Supervisorinnen und Coaches arbeiten frei- oder nebenberuflich. Die Auftraggeber zahlen nur für die vollbrachte Dienstleistung, können somit flexibel agieren.

In den Haushalten vieler Einrichtungen des Sozial- und Gesundheitswesens gibt es feste Etatposten für Supervision.

Nicht nur die Mitglieder der DGSv, sondern auch Angehörige anderer psychologischer bzw. psychotherapeutischer Vereinigungen sowie die Mitglieder der inzwischen etwa 14 Coaching-Verbände konkurrieren miteinander.

In meinem Buch «Supervision für helfende Berufe» (2015, S. 142 ff.) habe ich die umfangreichen Mitglieder-Befragungen der DGSv von 2009 und des «Berufsverbandes für Supervision und Organisationsberatung» (BSO) in der Schweiz von 2010 sowie der «Österreichischen Vereinigung für Supervision und Coaching» (ÖVS) von 2012, mit jeweils etwa 1300 Mitgliedern, ausgewertet und miteinander verglichen. Aus Platzgründen verzichte ich hier auf Belege und nenne nur einige Zahlen und Zusammenhänge.

Ausbildung. Bei der DGSv kommen nach der Befragung 42% der Mitglieder aus der Sozialen Arbeit, 23% aus der Pädagogik und 15% aus der Psychologie. Jeweils 8% sind Lehrer oder Ökonomen. Zu ähnlichen Zahlen gelangt Effinger in einer Befragung von 2017 (S. 10). In der Schweiz entstammen 21% der Mitglieder aus der Sozialen Arbeit, 19% sind Lehrer, 12% Pädagogen, 10% haben Pflegeberufe erlernt, weiterhin kommen 7% aus der Ökonomie und 5% verfügen über eine Ausbildung als Techniker. Aus Österreich liegen keine Angaben vor. In Deutschland sind 43% der DGSv-Mitglieder selbständig als Supervisoren, in der Schweiz etwa 45%.

Zur Ausbildung als Coach kamen früher Menschen, die wenig mit Supervision, Sozialwesen oder Psychologie zu tun hatten. Viele erwarben nach einem Studium der Betriebswirtschaft berufliche Erfahrung im Personalwesen großer Unternehmen oder waren Mitarbeiter von Firmen für Unternehmens- bzw. Personalberatung geworden. Später kamen noch Psychologen hinzu, oft mit dem Schwerpunkt Arbeits-, Berufs- und Organisationspsychologie («ABO-Psychologen»). Ganz wenige dieser Ökonomen oder Psychologen hatten eine Supervisions-Ausbildung absolviert. Inzwischen finden sich auch mehr Angehörige der Sozialberufe und Psychologen in Kursen für Coaching und Organisationsberatung, oft auch in entsprechenden Masterkursen der Hochschulen.

Die Ausbildungskosten für einen mehrjährigen Supervisionskurs betragen etwa 10000 Euro plus Fahrt- und eventuell anfallende Unterkunftskosten.

Coaching-Kurse sind preiswerter und auch kürzer. Es werden allerdings auch Coaching-Ausbildungen angeboten, die um die 3000 Euro kosten. Mehr zu diesem Thema weiter unten (S. 53 ff.).

Wer sind die Coaches? Nachstehend einige Ergebnisse aus der «Coaching-Umfrage Deutschland 2016/17» des «Roundtable der Coaching-Verbände»: Die überwiegende Mehrheit der 546 Befragten arbeitet freiberuflich bzw. in einer eigenen Firma (S. 10). Mehr als 70% hatten vor der Aufnahme einer freiberuflichen Tätigkeit in einer Stelle mit Führungsverantwortung gearbeitet (S. 13).

Es wurde darauf hingewiesen, dass sowohl Supervision als auch Coaching bei den meisten Beratern keine ausschließliche Tätigkeit darstellt. Denn oft leben die Beraterinnen und Berater auch von anderen Formaten der Weiterbildung oder verfügen noch über eine halbe Festanstellung. Das bestätigt auch die Verteilung der jährlich verbrachten Arbeitszeit: 33% für Coaching, 21% für Training, 14% für Personalentwicklung. Danach folgen mit jeweils unter 10% Beratung, Ausbildung und Therapie (S. 9). Welche Rollen haben Coaches inne?

Arbeitszeit und Rollen der Coaches. Im Durchschnitt umfassen bei den meisten Coaches die Prozesse je Klient 6–10 Stunden. Nur bei etwa 10% der Berater kamen mehr als 20 Stunden zusammen (Coaching-Umfrage Deutschland 2016/17, S. 7).

Nach Jüster u.a. haben Coaches vorwiegend folgende Rollen inne: Berater, Mentor, Förderer und Entwickler (2002, S. 54). Bei Dehner finden wir noch folgende Ergänzungen: der Coach als Wegbegleiter, Spiegel, Zuhörer, Reiseberater oder Neutraler (2002, S. 294). Ein Coach sollte es vermeiden, der «bessere Vorgesetzte», «der verlängerte Arm des Chefs» oder der «väterliche Ratgeber» zu sein (S. 293).

Einkünfte. Nach der DGSv-Mitgliederbefragung erzielen Supervisorinnen und Coaches durchschnittlich jährlich ein Einkommen von 18 000 Euro in der Industrie; im Sozial- und Gesundheitswesen sind es 12 000 Euro. Meistens gibt es noch weitere Einkommensquellen (andere Tätigkeiten, Partner). Der durchschnittliche Verdienst eines freiberuflichen DGSv-Supervisors beträgt etwa 36 000 Euro. Das ist niedriger als das feste Bruttoeinkommen einer Sozialarbeiterin oder einer Grundschullehrerin.

In Deutschland leben schätzungsweise 2000 bis 5000 Personen überwiegend von Supervision, Coaching oder ähnlichen Tätigkeiten. Einige weitere Tausend dürften diesen Tätigkeiten nebenberuflich nachgehen.

Über die Einkünfte im Coaching (Leitungskräfte-Coaching) ist weniger bekannt, weil es sehr viele kleine Vereinigungen gibt und die wenigen in der Szene bekannten Spitzenverdiener kaum Auskünfte geben. Während man in der Supervision im Sozialwesen mit Stundensätzen von 60 bis 120 Euro rechnen kann, beziffern sich die durchschnittlichen Honorare im Business-Coaching von 100 bis 300 Euro pro Stunde (Coaching-Newsletter 2012; Coaching-Magazin 1/2018; Coaching-Umfrage Deutschland 2016/17, S. 21). Spitzenkräfte erhalten 1000 bis 2000 Euro. Wrede erwähnt Stundensätze von 100 bis 500 sowie ein Spitzen-Tageshonorar von bis zu 5000 Euro (2002, S. 280).

Laut der «Coaching-Umfrage Deutschland 2016/17» erwirtschafteten ungefähr 30% der Mitglieder ihre Einkünfte ausschließlich durch Coaching-Tätigkeiten. Deren Bruttoeinkünfte betragen bis zu 50 000 Euro. Nur etwa 5% der Befragten verdienten mehr als 200 000 Euro jährlich. Der Traum vom großen Geld durch Coaching realisiert sich nur für eine ganz kleine Gruppe. Wie bei der Supervision machen auch die Einkünfte aus dem Coaching in der Regel nur einen Teil der Gesamteinkünfte aus. Von den 546 Befragten erzielten 352 nur bis zu 40% ihrer Einkünfte aus dem Coaching (S. 16 f.). Auch hier ist es ähnlich wie bei den Supervisorinnen und Supervisoren: Der Rest des Einkommens kommt durch andere Tätigkeiten zustande, etwa durch eine halbe Festanstellung oder durch den Partner. Weitere Informationen: Rauen Coaching-Marktanalyse 2022 (https://www.rauen.de/cma/).

Wie sieht die Coaching-Szene aus? Von der 2002 gegründeten «Deutschen Gesellschaft für Coaching» (DGfC) stammt folgende Zusammenstellung:

53 000 Personen arbeiteten 2016 weltweit als Business-Coach, davon 72% in Nordamerika.

Deutschland ist nach den USA und Großbritannien der drittgrößte Coaching-Markt weltweit (Coaching-Report, Internet-Zugriff 6.3.2018).

Angeblich bieten in Deutschland 8000 Coaches ihre Dienste an, knapp 60% davon sind Einzelpersonen und zumeist freiberuflich tätig.

14 Fachverbände und 12 Mischverbände (Psychologen, Supervisoren) für Coaching sind in Deutschland bekannt.

Sieben dieser Fachverbände haben weniger als hundert Mitglieder (Quidde, 2014, S. 30). Im Gegensatz zur Supervision gibt es viel mehr kleinere Verbände. Dadurch ist die Szene schwer überschaubar. Von Fietze/Salamon stammt ein Beitrag über die Coaching-Verbände (2021). Seit 2020 existiert auch ein Dachverband, der «Round Table der Coachingverbände» (RTC).

Mängel in der Coaching-Ausbildung. Möller/Hellebrandt gehen sogar von 30 Coaching-Verbänden aus, die etwa 250 Weiterbildungen anbieten (2016, S. 91 f.). Für ihre Untersuchung «Wie wissenschaftlich fundiert sind Coaching-Weiterbildungen?» hatten sie 157 Anbieter angeschrieben. Nur 68 reagierten auf die Anfrage. Die Ergebnisse sind enttäuschend: «Wissenschaftliche Bezüge sind nur wenige zu finden.» Weiterhin gibt es «keine Verweise auf neuere Coaching-Forschung». Außerdem bleibt für Außenstehende zumeist unklar, «ob und auf welchen wissenschaftlichen Erkenntnissen die behandelten Konzepte der Weiterbildung fußen» (S. 102).

Schreyögg vermisst bei vielen Coaching-Ansätzen die Verwendung von psychodynamischen bzw. tiefenpsychologischen Konzepten, die doch gerade zum Verständnis von «Lebensvollzügen» auch bei Leitungspersonen wichtig sind (Editorial von Organisationsberatung, Supervision, Coaching 4/2013, S. 375). Zu ergänzen ist noch, dass die häufige Verwendung von verhaltenstherapeutischen Ansätzen oder NLP-Konzepten oft eine Art Rezeptcharakter haben. Diese spielen auch beim «Allerwelts-Coaching» eine Rolle.

3. Handlungspraktische Ausrichtungen: Methodenmix

Oft sind die Supervisions-Ausbildungen aus Instituten oder Verbänden entstanden, die aus einer Richtung von Beratung oder Psychotherapie herrühren. In den 1990er Jahren wurden Supervisorinnen nach den theoretisch-methodischen Ausrichtungen ihrer Beratungstätigkeit gefragt:

- Psychoanalyse
- Systemische Beratung
- Gruppendynamik
- Gesprächspsychotherapie
- Gestalttherapie
- Psychodrama
- Themenzentrierte Interaktionelle Methode
- Verhaltenstherapie

Allerdings verwendeten schon damals die meisten Supervisorinnen mehr als drei dieser Verfahren. Sie stellten die Verfahren nebeneinander oder integrierten sie. Zu dieser Zeit konnte man sagen, dass Supervision «ein Seitenast am Baum der Therapie ist» (Hege 1996, S. 104).

In einer Befragung von Effinger zur Ausbildungssupervision an Fachhochschulen aus dem Jahr 2002 hat sich das Bild etwas verschoben. Danach verwendet die Mehrheit integrative Ansätze, also solche, in denen verschiedene Methodenteile enthalten sind. Fast gleichauf liegen systemische Ansätze, dann humanistische, und erst an vierter Stelle kommen Methoden aus der Psychoanalyse (2002, S. 260).

Wie sieht es mit der methodischen Orientierung im Coaching aus? Diese sind:

- Systemische Ausrichtung
- Organisationsentwicklung
- Humanistische Therapien
- Neurolinguistisches Programmieren (NLP)
- Supervision
- Gruppendynamik

(Coaching-Umfrage Deutschland 2016/17, S. 29)

Ähnliche Ergebnisse finden sich in einer Metaanalyse von Möller/Hellebrandt (2016, S. 93).

Wie bei der Supervision kann man auch im Coaching davon ausgehen, dass mit zunehmender Berufserfahrung mehrere dieser Verfahren erlernt worden sind bzw. miteinander kombiniert werden können.

4. Supervision und Coaching international

1976 gründete sich in der Schweiz der «Berufsverband für Supervision und Praxisberatung», der sich 1994 in «Berufsverband für Coaching, Supervision und Organisationsberatung» (BSO) umbenannte. Im gleichen Jahr wurde die «Österreichische Vereinigung für Supervision» (ÖVS) ins Leben gerufen.

Inzwischen haben sich die Supervisoren auch international organisiert. Der «Association of National Organizations for Supervision in Europe» (ANSE) gehören mehr als 8000 anerkannte Supervisoren von über 80 Ausbildungsstätten an. Diese kommen aus 22 nationalen sowie weiteren Verbänden. Gründungspräsident war der Niederländer Louis van Kessel. Weiterhin sind Gruppen von Supervisoren aus Großbritannien, Estland, Kroatien, Schweden, Spanien, Russland, Polen und Italien (Südtirol) in dem Europäischen Verband assoziiert.

Außerdem existiert seit 1994 noch ein kleinerer Verband: die «European Association of Supervision and Coaching» (EASC) mit 700 Einzelmitgliedern in 13 europäischen Ländern.

Die Zeiten, in denen die Supervision des englischen Sprachraums weltweit dominierte, sind vorbei. Im internationalen

Vergleich führt inzwischen Europa, genauer gesagt die hoch entwickelte Supervision im deutschen Sprachraum sowie die niederländische Supervision. Demgegenüber ist die Supervision in den USA vorwiegend noch an die Aus- und Weiterbildung von Sozialarbeitern und Psychotherapeuten gekoppelt. Sie beschäftigt sich auch stärker mit klinischen und psychotherapeutischen Themen und weniger mit Fragen der Organisation von Arbeit, die dort ein Thema von Business-Coaching ist.

Im «Journal Supervision» findet man eine Zusammenstellung wichtiger internationaler Verbände zu Supervision und Coaching (1/2016, S. 20).

Bevor wir uns jetzt dem «Innenleben», also den Inhalten, Prozessen und Ergebnissen von Supervision und Coaching, zuwenden, müssen wir ein heikles Thema der Coaching-Szene betrachten: die Entgrenzung des Coaching-Begriffs oder das «Allerwelts-Coaching».

5. Das Allerwelts-Coaching oder Die Entgrenzung des Coaching-Begriffs

Der Begriff Supervision ist für Kenner englisch-amerikanischer Verhältnisse missverständlich und erinnert manche wohl auch an Kontrolle, Soziale Arbeit oder an Psychotherapie (S. 17 ff.). Zu Unrecht haben diese Worte einen negativen Beigeschmack. Allerdings sind Supervision und Coaching als Teilgebiete von Beratung, wie auch der Beratungsbegriff selbst, nicht gesetzlich geschützt (S. 60 f.).

Inzwischen scheint Coaching der Supervision den Rang abgelaufen zu haben. Viele Supervisorinnen und Supervisoren verfügen jetzt auch über eine Coaching-Qualifikation. Die Namenserweiterung von Verbänden, Fachzeitschriften sowie in Buchtiteln bestätigt das. Gleichzeitig ist Coaching auch ein «Containerbegriff», in den man wie in einen großen Kasten alles Mögliche hineinpacken kann. Ärgerlich sind Versuche, die akademisch ausgebildeten Sozialarbeiter durch eine dubiose Coaching-Weiterbildung ergänzen oder ersetzen zu wollen, und der Umstand, dass die öffentliche Verwaltung diesem Trend folgt. Statt von Berufsberatung spricht die Arbeitsverwaltung etwa vom «Berufsfindungs-Coaching für Schulabgänger». Die «Frankfurter Rundschau» veröffentlichte einen ganzseitigen Artikel mit der Überschrift «Coaching für Hartz-IV-Bezieher». Darin steht: «Bis zu 33 000 Menschen sollen einen Coach erhalten, der sie sechs Monate lang beim Einstieg ins Berufsleben unterstützt. Der Start in den Job soll auch stufenweise möglich sein – etwa für zwei, vier oder sechs Stunden am Tag» (6.11. 2014, S. 5). Normalerweise gehört das seit Jahrzehnten zu den Regelleistungen der Sozialen Arbeit.

In einem anderen Beitrag scheint der Terminus Coaching die betriebliche Sozialarbeit oder Suchtkrankenhilfe am Arbeitsplatz ersetzen zu wollen: «Abhängigkeitserkrankung am Arbeitsplatz. Eine Coachingaufgabe» (Björkmann 2002). Worum geht es? Führungskräfte in Unternehmen sollen darin bestärkt werden, bei Mitarbeitern Abhängigkeitserkrankungen zu erkennen und sachgerecht damit umzugehen. Das tun seit etwa hundert Jahren Sozialarbeiter, wenn sie in der Suchtkrankenhilfe ambulant, stationär oder in der Betriebssozialarbeit tätig sind. Die Autorin ist eine Psychologin, Psychotherapeutin und Supervisorin. Sie empfiehlt sich damit für einen Markt, was legitim ist, verwirrt aber Leser mit dieser Begriffsverwendung.

Es geht auch um Geld. Bei der Veränderung einer Szene auf dem Weiterbildungs- und Hoffnungsmarkt gibt es immer einen ökonomischen Hintergrund. Wie beschrieben, ist die Ausbildung im Coaching wesentlich kürzer und billiger. Der ehemalige Vorsitzende der DGSv Weigand (2006, S. 43) und Hausinger/Volk, auch von der DGSv, ergänzen, dass man für die Supervision etwa 500 Stunden und für das Coaching nur ungefähr 150 Stunden aufwenden (und bezahlen) muss (2013, S. 3).

Beispielsweise bietet die VHS «Unteres Remstal» eine Weiterbildung «Coaching mit System und Gestalt» an. Innerhalb von 18 Monaten kann man sich an 23 Kurstagen freitags bis sonntags (plus Lerngruppen) zum Coach (DGfC) für berufliche Tätigkeiten in verschiedenen Bereichen (aber nicht für persönlich-private Themen) ausbilden lassen. Die Aufwendungen betragen

3900 Euro plus Kosten für Fahrt, Übernachtung und Lehrcoaching (analog Lehrsupervision).

Für rund 3000 Euro ist es möglich, in zwei bis drei Wochen in einem Schnellkurs zum Coach werden. Das Mindestalter beträgt 24 Jahre. Statt eines abgeschlossenen Studiums genügen auch drei Jahre Berufserfahrung (coachakademie.ch). Was macht dieser neue «Coach», wenn ein psychisch Kranker, der Psychotherapie und Psychiatrie meidet, sich «coachen» lassen möchte? Ein anderes Coaching-Angebot «kurz und intensiv» mit «Hypnose u. Kommunikation» von einem «Dipl.-Psych.» konnte man in fünf Tagen zwischen Weihnachten und Neujahr 2014/15 in Gran Canaria für 1500 Euro Kursgebühr absolvieren. Es soll auch «staatlich zert.» sein (Psychologie heute 12/2014, S. 97).

Das Pyramidensystem (auch Schneeball- oder Kettenbriefsystem). Vor allem bei diesem «Allerwelts-Coaching» werden viele Personen im Schnellverfahren zu «Coaching-Beratern» ausgebildet, ohne dass es einen Markt für deren Leistungen zu geben scheint. Das Ganze erinnert an die Vermarktungsstrategien der Psychosekten seit den 1970er Jahren. Ein Guru, Meister oder ein «Vorreiter», wie ihn S. Kühl, ein Kenner und Kritiker der Marktszene von Supervision und Coaching, nennt, verdient nicht an der Arbeit mit Klienten, «sondern durch die Ausbildung von ‹Jüngern›. Auch diese zweite Generation von Jüngern verdient ihr Geld dann häufig immer noch nicht vorrangig mit Klienten, sondern mit der Ausbildung weiterer Jünger.» Es handelt sich um ein «Kettenbriefsystem», das irgendwann einmal zusammenbricht oder sich einen neuen Markt für ein neues Produkt sucht (2006, S. 12).

Eine Supervisions- und Coaching-Schwemme? Schon in den 1990er Jahren wurde angesichts der hohen Ausbildungszahlen in der Supervision von einer «Supervisorenschwemme» gesprochen (Wirbals 1996, S. 10; Schmidbauer, 1998). Das scheint sich nun auf der Ebene des «Allerwelts-Coaching» zu wiederholen. Nach Schreyögg ist die «Coaching-Welle» inzwischen der «Supervisions-Welle» gefolgt. Dabei hat Coaching «der Supervision nicht nur die Ausbildungskandidaten ‹weggefressen›, sondern auch die potenziell zu beratende Klientel» (2013 a, S. 234).

Demgegenüber meint S. Kühl, dass die Supervision es verpasst habe, die «Coaching-Welle» zu integrieren (2006, S. 9). Die Business-Coaches ärgern sich über die Entgrenzung des Begriffs. In der schon zitierten «Coaching-Umfrage» stimmte etwa die Hälfte der Frage zu: «Sollte Coaching als Profession stärker reguliert werden?» (Coaching-Umfrage Deutschland 2016/17 S. 34).

Das Geschäft mit Orientierung, Hoffnung und Angst. Um genügend Kunden zu gewinnen, werden Probleme definiert, für die Beraterinnen und Berater dann «Rezepte» oder gar Heilsversprechungen zur Verfügung stellen. Eine depressive Erkrankung, deren Behandlung bei qualifizierten Psychotherapeuten die Kasse finanziert, wird als Burn-out (S. 72 f.) bezeichnet, um mit «Burnout-Coaching» behandelt und dann privat bezahlt zu werden. Ein «normaler» Teamkonflikt wird zum Mobbing. Ein pensionierter Lehrer «coacht» junge Lehrer (Mentoring). Wer «wenig Erfolg bei Frauen» hat, braucht nur seinem «Coach» zu schreiben: dein-date-doctor@gmx.de. Bücher für leidgeprüfte Eltern haben nicht mehr den Titel «Erziehungsratgeber», sondern heißen «Kinder coachen. Die bessere Pädagogik» (Thiel 2014). Früher ging man in die Hundeschule. Heute besucht man das «Hundebesitzer-Coaching». Inzwischen gibt es auch ein Buch zum Thema «Coaching mit Pferden». In Anzeigen wird «Life-Coaching» angeboten, um «konstruktive Lösungen» im Leben zu erreichen. Ähnlich klingen die Überschriften von Aufsätzen zu «Gesundheits-Coaching – zwischen Burnout und beruflicher Neuorientierung» (Joder 2005). Da findet sich ein Artikel über «Coaching von Schlaganfallpatienten. Ein integratives Beratungs- und Trainingskonzept» (Fritzsche 2005).

In einem anderen Angebot fungieren «Achtsamkeitstraining» und «Stressbewältigung» als Coaching. Es gibt auch Bezeichnungen wie «NLP-Coaching». Absurd wird es, wenn ein Coaching-Paket als «zielorientiert» oder gar «lösungsorientiert» verkauft werden soll. Wer möchte sich denn teuer beraten lassen ohne ein Ziel oder ohne eine Lösung?

Unqualifizierte Psychotherapie durch die Hintertür? Böning schrieb schon 2002: «Jede Fachberatung mutiert zum Coaching» (S. 29). Wenn es bei der Begriffsausweitung nur um «Fachberatung» ginge. Aber es geht eher um alles. Problematisch wird es, wenn «Astrologie-Coaching» und «Spirituelles Coaching» angepriesen werden. Geradezu inflationär ist der Gebrauch von «Work-Life-Balance-Coaching». Schon immer konnte man in Beratungsstellen oder in einer von den Krankenkassen finanzierten seriösen Psychotherapie sich damit auseinandersetzen, wie man Leben, Familie und Arbeit miteinander ausbalancieren kann. Doch auf Englisch scheint das besser zu klingen und man darf es selbst bezahlen. Aber was passiert, wenn ein Mensch mit einer psychischen Problematik an einen für etwa 4000 Euro in ein paar Wochenenden «ausgebildeten» Coach gerät? Dieser hat kein Fachstudium und verfügt nicht über klinische Erfahrung, möchte aber zumindest seine Ausbildungskosten hereinholen. Aus vielen hundert Weiterbildungen der letzten fünfzig Jahre weiß ich, dass hinter einer scheinbar unverfänglichen Teilnahme an einer Kurzzeitveranstaltung oft tiefgehende menschliche Probleme stehen können, die eigentlich in die Psychotherapie gehören. Doch diese ist überlastet, hat zu lange Wartezeiten und stellt für viele Menschen zu Unrecht eine zu hohe Eintrittsschwelle dar (S. 61). Ohne eine rechtliche Regelung sind Begriffe wie «Supervision» und «Coaching» ebenso wenig geschützt wie «Astro-Horoskop-Beratung» und «Feng-Shui-Coaching».

Es hatte mehrere Jahrzehnte gedauert, bis «Psychotherapie» in Deutschland gesetzlich geregelt, rechtlich geschützt sowie für Ärzte und Psychologen mit anerkannter Zusatzausbildung als Kassenleistung anerkannt wurde. Es ist zweifelhaft, ob eine Politiklobby für den Schutz der Supervision und Coaching gewonnen werden kann. Die seriösen Fachverbände sollten nachvollziehen, wie Jahrhundertwerke wie z. B. die «Psychiatrie-

Enquete» von 1975 und das «Psychotherapeuten-Gesetz» von 1999 zustande gekommen sind, um sich vor unseriösem «Coaching» zu schützen.

Was sagen Experten zu dieser Entgrenzung? Rauen, der Herausgeber des «Coaching-Newsletter», schreibt dazu: «Insgesamt betrachtet muss der momentane Zustand als enttäuschend bezeichnet werden: Jede Form von Training, Seminar, Unterricht etc. wird mittlerweile als Coaching bezeichnet und von selbsternannten Coaches praktiziert» (1999, S. 16). Greif spricht von einem «Markt für Scharlatane» (2008, S. 16).

Noch deutlicher äußert sich S. Kühl: «Coaching hat ein Scharlatanerieproblem – ein typisches Problem neuer, noch nicht stark strukturierter Tätigkeitsfelder. Wegen fehlender Standards in der Ausbildung, uneinheitlicher Qualitätskriterien und schwachen professionsinternen Regulierungsstellen können Scharlatane nicht einmal identifiziert, geschweige denn an der Tätigkeit gehindert werden» (2006, S. 95).

Inzwischen sind einigen etablierten (Business-)Coaching-Verbänden diese unseriösen Angebote wohl unheimlich. So kann man in der Internet-Ausgabe des «Coaching-Magazins» einige Erfahrungsberichte nachlesen, wie Interessenten mit Versprechungen in Kurse gelockt wurden oder Verträge mit hohen Zahlungsverpflichtungen unterschrieben werden sollten. Ältere Leserinnen und Leser werden sich vielleicht an die Auswüchse des Psychobooms und der Psychosekten der 1970er und 1980er Jahre erinnern: Urschreitherapie, Rebirthing, Esoterik oder Heilung durch indische Sekten.

Abschließende Gedanken zum «Allerwelts-Coaching». Angesichts des Coaching-Booms und des ausgeweiteten Begriffs von Coaching müssen wir *zwei unterschiedliche Coachings* unterscheiden: (1) das ursprüngliche Coaching für Leitungspersonen im Management- und Personalbereich sowie für «einsame Spezialisten» sowie (2) Coaching als «Allerwelts-Begriff» als «individuelle Lebensberatung für unterschiedlichste Fragen des Alltages» (Hausinger/Volk 2013, S. 5).

Nicht zuletzt möchte ich noch auf einen *Denkfehler* der vielen «Allerwelts-Coaching»-Anbieter hinweisen: Supervision wie Coaching sind Beratungs- und Hilfesysteme für Menschen, die mit anderen Menschen (Sozialarbeitern, Lehrern, Managern u.a.) arbeiteten, damit diese ihre Arbeit verbessern können («Metaconsulting»). Also hatten Supervisoren oder Coaches *nie* direkt mit den Klienten, Schülern oder Mitarbeitern bzw. Kunden zu tun.

Nun sind beim «Allerwelts-Coaching» die Coaches auf einmal direkt mit den Endabnehmern zusammen und bieten sich als Helfer für alle möglichen Lebensprobleme an: für Schüler, Arbeitslose, Abhängigkeitskranke, Schlaganfallpatienten oder Menschen mit psychischen Problemen. Das wäre so, als wenn der Coach von *Boris Becker* einmal selbst auf dem Tennisplatz von Wimbledon spielen oder der sich im Rentenalter befindende Trainer von *Henry Maske* in den Boxring steigen würde. Es bedeutet theoretisch wie praktisch eine völlig andere Dynamik, ob ich Helfer bzw. Leiter berate oder mit Alleinerziehenden, Arbeitslosen, Pflegebedürftigen, Jugendlichen, Schülern oder Managern *direkt* zusammenarbeite. Ganz abgesehen davon: Wie soll es möglich sein, junge Menschen mit mindestens drei Jahren Berufserfahrung in wenigen Stunden auf diese vielen Herausforderungen vorzubereiten?

V. Funktionen von Supervision und Coaching

Um Kreativität und Autonomie zu fördern, ist es hilfreich, Arbeitsprozesse stärker in beziehungsmäßiger Hinsicht zu reflektieren. Aus diesem Grunde kam es bei Supervision und Coaching zu Anleihen aus den psychotherapeutischen Richtungen. Es ist sicher kein Zufall, dass manche Ausbildungsstätten für Supervision ursprünglich Ableger psychotherapeutischer Institute waren. In meinem Verständnis von Supervision und Coaching möchte ich die psychotherapeutische Sichtweise erweitern und die Verbindung zur Psychologie (Arbeits-, Betriebs- und Organisationspsychologie) und Wirtschaftswissenschaft (Personalentwicklung) herstellen. Aus diesem Grunde vertrete ich einen *breiten Begriff* von Supervision, der sich praktisch mit den kommunikativen Anteilen der Aus- und Weiterbildungsmaßnahmen im beruflichen Bereich beschäftigt. Im Folgenden möchte ich die unterschiedlichen Anwendungsmöglichkeiten von Supervision und Coaching in *funktionaler Hinsicht* beschreiben. Das sollte möglichst praxisnah vonstattengehen. Allen diesen nachstehenden Anwendungsmöglichkeiten von Supervision und Coaching gemeinsam ist jedoch der übergeordnete Gesichtspunkt der Erweiterung von Kompetenzen. Diese *Kompetenzerweiterung* bezieht sich mindestens auf *vier Dimensionen:*

- *Personale Entfaltung* (Erweiterung des Wissens über sich und die eigene Wirkung auf andere),
- *Beziehungs- bzw. Arbeitsgestaltung* (Kontakt, Begegnung, Harmonie, Konflikt, Lösungen),
- *Strukturelle Entfaltung* (Rollen, Positionen, Funktionen, Aufgabenbewältigung des Einzelnen im beruflichen System),
- *Methodische und instrumentelle Entfaltung* (Verbesserung von Kenntnissen und Fertigkeiten hinsichtlich des beruflichen Feldes, der Diagnose und Bewältigung von Arbeitsproblemen, Krisenmanagement). (Fallner 1997, S. 163)

Schon die folgenden Zwischenüberschriften zeigen, was Supervision und Coaching alles zu leisten vermögen. Teilweise firmieren diese Funktionen auch unter anderen Begriffen, und es kommt zu inhaltlichen Überschneidungen. Ich möchte noch einmal hervorheben: Längst nicht alles, was jetzt in diesem Kapitel dargestellt wird, ist Supervision oder Coaching, aber alles Folgende hat damit zu tun.

Beratung. Der Begriff Beratung ist ebenso missverständlich wie Supervision. Denn er suggeriert etwas von einem «Ratschlag» oder einem «Tipp», wie man etwas «besser» machen könnte. Das mag bei der Verbraucherberatung oder einer Beratung in technischen Angelegenheiten der Fall sein. Im deutschen Sprachraum ist die professionelle Beratung in Lebensangelegenheiten oft verbunden mit Helfen, Betreuen, Vermitteln oder Begleiten und stellt einen Aufgabenbereich der Sozialen Arbeit und Pflege dar. Es gibt aber auch Tausende von öffentlich finanzierten Beratungsstellen für verschiedene Lebensprobleme: Erziehung, Familie, Sucht, Schulden, Energie usw. Sowohl in der Beratung als Tätigkeit als auch in den vielen Beratungsstellen arbeiten ausgebildete Fachkräfte kostenfrei. Teilweise kommt es zu Wartezeiten, und oft besteht auch eine Scheu, sich dorthin zu wenden («Schwellenangst»).

Psychotherapie. Psychotherapie darf in Deutschland nach dem «Psychotherapie-Gesetz» von 1999 nur von Ärzten und Diplom- bzw. Master-Psychologen mit anerkannter Zusatzausbildung und staatlicher Anerkennung («Approbation») sowie von Heilpraktikern für Psychotherapie ausgeübt werden. Eine psychotherapeutische Behandlung geht weiter und tiefer, dauert oft länger als eine Beratung; aber auch hier kann es zu Überschneidungen kommen. Die Hemmschwelle, zur Psychotherapie zu gehen, scheint noch größer zu sein, als eine Beratungsstelle aufzusuchen.

Die Tätigkeit staatlich anerkannter ärztlicher oder psychologischer Psychotherapeuten wird in mehrfacher Hinsicht kontrolliert: durch die Kassen, durch eigene Berufskammern sowie durch verpflichtende Supervision, oft kollegiale Supervision (S. 100 f.) oder Weiterbildung.

Supervision und Coaching sind keine Psychotherapie, sondern berufsbezogene Beratungsformen, also ein Spezialfall von Beratung. Beide nutzen allerdings auch Wissen, also die Forschungsergebnisse sowie Erfahrungen, aus den verschiedenen psychotherapeutischen Richtungen ebenso wie diejenigen aus der Kommunikationswissenschaft.

Monitoring. In den romanischen Ländern benutzt man statt Supervision oder Coaching zuweilen auch den Begriff *Monitoring*, was so viel wie Überwachung, Kontrolle, Instruktion und vor allem Begleitung bedeutet. In den Niederlanden wird anstelle des Begriffes Supervision der Terminus *Begleitung* verwendet. Damit ist gemeint, dass jemand, der sich in einem Arbeitsprozess befindet, dabei von einem außenstehenden Experten «begleitet» wird. Diese Begleitung ist vor allem eine Reflexionshilfe; sie kann stattfinden in der Aus- oder Fortbildung oder während eines längeren Arbeitsprozesses.

Aus- und Weiterbildung. In vielen beruflichen Ausbildungen oder Weiterbildungen gehört die Supervision (oder eine ähnliche Begleitung) zu den notwendigen Ausbildungsinhalten. Dabei werden jedoch unterschiedliche Begriffe verwendet. So spricht man in den sozialen oder pflegerischen Berufen auch von Praxisanleitung oder Praxisberatung. In der Ausbildung von Psychoanalytikern nennt man den entsprechenden Lernvorgang Kontrollanalyse (S. 20). Aber auch in viel stärker formalisierten Ausbildungsgängen haben wir in den Ausbildungsphasen institutionalisierte Formen der Praxisreflexion. Man denke nur an den «Probeunterricht» der Lehramtsreferendare in der Schule oder die Lernstationen, die ein Rechtsreferendar oder ein Arzt in der Ausbildung durchlaufen muss.

Personalentwicklung. Als Personalentwicklung (PE) bezeichnet man alle möglichen Maßnahmen zur Verbesserung der beruflichen Qualifikation der Mitarbeiterinnen und Mitarbeiter (z.B. Aus- und Weiterbildung) und Erhöhung der Arbeitsmotivation in meist mittleren oder größeren Unternehmen. Oft handelt es sich um spezielle Abteilungen mit Fachkräften, die Ökonomie mit dem Schwerpunkt «PE» oder «ABO-Psychologie» studiert haben. Von ihren praktischen Aufgaben und den Inhalten her hat die Personalentwicklung einige Bezüge zu Supervision oder Coaching: etwa bei Gesprächen über Arbeitsplatz und Leistung, Gehalts- und regelmäßigen Mitarbeitergesprächen oder Beurteilungs- und Zielvereinbarungsgesprächen (Meier 1992, S. 61 ff.). Auch das Assessment Center gehört in diesen Zusammenhang (S. 63). Manchen Mitarbeitern in der Personalentwicklung scheinen gerade die praktischen Kompetenzen im Bereich der Reflexion über Arbeit im Zweier- bzw. Gruppengespräch zu fehlen. Denn in den letzten Jahren kann man ein zunehmendes Interesse von Personalmanagern (wie auch von freiberuflichen Unternehmensberatern) an der Weiterbildung in Supervision und Coaching beobachten.

Umgekehrt fehlt es vielen eher psychologisch ausgebildeten Supervisoren oft an Kenntnissen und Fertigkeiten aus dem Bereich Personalmanagement.

360-Grad-Feedback. Das 360-Grad-Feedback ist eine Maßnahme, welche von «PE» für Führungskräfte im Betrieb angeregt wird. Es handelt sich um eine effiziente, aber auch möglicherweise das Selbstwertgefühl berührende Methode zur Beurteilung von Stärke und Schwäche einer Leitungskraft im Unternehmen. Es geht um eine Art «Rundumbetrachtung» der Führungskraft. Es werden u.a. mit Hilfe von Fragebogen interviewt: Vorgesetzte, Teammitglieder, Kunden sowie weitere relevante Personen. Danach werden Selbsteinschätzung und Fremdeinschätzung in einem Gespräch diskutiert. Coaches haben dabei manchmal die Leitung oder sind daran beteiligt.

Assessment Center. Das 360-Grad-Feedback hat auch das Assessment Center beeinflusst. Denn dabei handelt es sich um ein Beurteilungs- und Testseminar zur Personalauswahl. Ursprünglich kommt es aus dem Training der Militärs in den USA. Seit einigen Jahren wird es im Profit-Sektor wie auch im Non-Profit-Bereich zur Auswahl von mittleren und oberen Führungskräften bei Neueinstellungen bzw. Aufnahme in den Führungsnachwuchs angewendet. Im Idealfall nehmen etwa vier bis zehn Personen meistens ein bis drei Tage lang daran teil. Im Mittelpunkt des Assessment Centers stehen Situationen, welche den realen Anforderungen von Leitungskräften nahe kommen sollen. Diese werden in der Regel mit Hilfe von Interviews, Fallstudien, Präsentationen, Rollenspielen oder unstrukturierten («führerlosen») Gruppendiskussionen simuliert. Dabei wird untersucht, wie es beispielsweise um die Informationsverarbeitung, die Durchsetzungsfähigkeit, das Kommunikationsverhalten, die Überzeugungskraft, aber auch um die ethischen Werte sowie die sozialen Kompetenzen der Bewerber bestellt ist. Das Assessment Center wird von internen und externen Personalfachleuten, oft auch Coaches, geleitet; diese sind teilweise als Moderatoren und teilweise auch als Beobachter tätig. Die Tätigkeit im Assessment Center ist nicht direkt Coaching. Es gibt allerdings einige Gemeinsamkeiten, weil es auch um Reflexion und Überprüfung von Arbeit in einer besonderen («künstlichen») Situation geht.

Qualitätssicherung und Qualitätszirkel. Die Qualitätssicherungsfunktion von Supervision und Coaching beinhaltet *zwei Schwerpunkte:* (1) Supervision gilt inzwischen auch vor Gericht als Qualitätsnachweis. Wenn Sozialarbeitern oder Pflegern der Vorwurf gemacht wird, sie hätten nicht sorgfältig gearbeitet, wird untersucht, ob die Arbeit dokumentiert wurde und ob die notwendigen Teamgespräche bzw. Supervisionen stattgefunden haben. (2) Darüber hinaus wird Supervision auch häufig zur Unterstützung und Begleitung von formalisierten Maßnahmen der Qualitätssicherung und Zertifizierung eingesetzt. Immer mehr Unternehmen lassen ihre internen Abläufe von externen Auditoren verbessern und werben damit. Folge ist auch, dass die Binnenprozesse reorganisiert werden müssen. Damit sich diese organisatorischen Veränderungen nicht zu einem bloßen formalen Akt oder einer Pflichtübung entwickeln, empfiehlt es sich, bei den internen Team- und Gruppengesprächen auch gruppendynamische Gesichtspunkte zu beachten. Das ist vor allem sinnvoll, um Ängste oder Widerstände des Personals abzubauen. Einige Beraterinnen und Berater haben diese Notwendigkeit erkannt und deswegen zusätzlich Kompetenzen im Qualitätsmanagement erworben.

Auch die Arbeit von Qualitätszirkeln funktioniert besser, wenn sie zumindest in der Anfangsphase von Beratern begleitet wird. Denn bei diesen Gruppen kommen meistens vorher einander unbekannte Personen aus verschiedenen Abteilungen zusammen. Diese Gruppen sind für die Qualitätspflege eines gemeinsamen Produktes bestimmt worden. Meistens werden nach einer vorgegebenen Systematik Aufgaben abgearbeitet und Daten gesammelt. Es wird diskutiert und es werden Verbesserungsvorschläge für die Qualität formuliert.

Training. Der Begriff Training im Sinne von Erlernen neuer Kompetenzen sowie Änderung des Verhaltens geht zurück auf die gruppendynamischen Trainings von *Kurt Lewin* (1890–1947). In manchen Berufen werden immer wieder neue kommunikative Kompetenzen gefordert, um dem Anspruch nach Kundennähe gerecht zu werden und um Marktanteile sichern zu können. Im Vergleich zu früher sind wir als Abnehmer oder Kunden von speziellen Dienstleistungen erstaunt, wie gut informiert und wie freundlich Verkäufer oder Geschäftspartner geworden sind. Nicht nur im Wirtschaftsbereich, sondern auch im öffentlichen Dienst (z.B. bei den Kommunalverwaltungen) hat sich der Service teilweise erheblich verbessert. Häufig haben wir es dann mit den Ergebnissen eines gelungenen Trainings zu tun. In solchen Veranstaltungen werden in erster Linie realistische Situationen mit bestimmten psychologischen Techniken und Rollenspielen eingeübt. Gleichzeitig geht man praxisnah von typischen Konflikten in der Alltagsarbeit aus. Diese lassen sich im Rollenspiel wiederholen, besprechen und reflektieren, um sie dann durch alternative Handlungsformen zu ergänzen. Seit den Zeiten von Lewin haben viele neue Methoden in diesen Trainings ihren Platz gefunden: Biographie- oder Karriereanalyse sowie Lebens- und Arbeitspanorama.

Eine Befragung von über 1000 Trainern, Coaches und Beratern ergab, dass das Training von sozialen Kompetenzen weiterhin als «Wachstumstreiber der Weiterbildungsbranche gesehen wird» (Training aktuell April 2018, S. 7).

Kommunikations- und Beziehungsprobleme meistern. Die Liste der typischen Kommunikations- und Beziehungsprobleme, die bei der Arbeit in Institutionen auftauchen, ist lang. Leider kann diese Thematik im Rahmen dieser Einführung nicht erschöpfend behandelt werden. Allerdings möchte ich hier einige allgemeine Hinweise auf typische Probleme geben, welche Kommunikation und zwischenmenschliche Beziehungen in der Arbeitswelt erschweren. Zu den Problemen einfacher Art gehören die uns bekannten Missverständnisse, Unachtsamkeiten, Wahrnehmungsfehler oder Fehlleistungen des Alltags.

Häufig kommt es zu Handlungsfehlern, weil die *Beziehungs-* und *Inhaltsebene* der Kommunikation (Watzlawick u. a. 1969) nicht auseinandergehalten wird. Oft können wir den Sachinhalt nicht mehr richtig wahrnehmen und reagieren unangemessen, weil beispielsweise die Art, *wie* etwas gesagt wurde, uns das rationale Verständnis dessen, *was* jemand gemeint hatte, erschwert.

Obwohl diese Probleme eigentlich leicht einer Aufklärung zugänglich wären, fehlt es im Arbeitsalltag oft einfach an der dafür notwendigen Zeit, den Möglichkeiten sowie der neutralen externen Steuerung für eine solche Klärung.

Entsprechend schwierig gestaltet sich dann die Reflexion von Prozessen, die, psychologisch gesehen, «tiefer» verankert sind. Hierzu gehören beispielsweise sich wiederholende *Projektionen* oder *Übertragungen* (S. 21).

Zur Reflexion von Kommunikationsprozessen wird in der Weiterbildung oft das Modell von Schulz von Thun (1981) verwendet. Darin werden *vier Aspekte* einer Botschaft vorgestellt:
- Sachinhalt: Was sagt der Sprecher.
- Selbstoffenbarung: Was teilt der Sprecher über sich mit.
- Appell: Was soll der Empfänger einer Nachricht tun.
- Beziehung: In diesen Aspekten ist auch die Beziehung zum anderen angesprochen.

Selbstvergewisserung ermöglichen. Hierzu gehört die folgende bekannte Situation: Man ist sich eigentlich klar über die Bewertung eines beruflichen Vorganges und über Richtung und Ziel der eigenen Aktion. Gleichzeitig ist die Situation unangenehm und emotional angespannt. Eine Kollegin bzw. ein Kollege schlägt oft das Gegenteil von dem vor, was vernünftig wäre. Es gäbe theoretisch auch noch Alternativen und man hat deshalb noch ein Bedürfnis nach Kommunikation darüber. Zweifel könnten ausgeräumt werden. Es wäre jetzt hilfreich, die Sache mit einer «neutralen Person» durchzusprechen, die eigene Meinung mit jemandem zu überprüfen oder einfach auch nur Emotionen über diesen Vorfall «loszuwerden». Man sollte damit auch nicht immer die Partner oder Freunde belasten. Externe Beraterinnen oder Berater sind dann eine Art «Spiegel», in dem man den eigenen inneren Dialog verbildlichen kann. Meistens sind nach einem solchen oft einmaligen Gespräch dann plötzlich Richtung, Ziel und Entscheidung «klar».

Moderation und Präsentation. Nicht selten kommt es im Beruf vor, dass man vor Mitarbeitern, Kunden oder Geschäftspartnern zeigen muss, was man geleistet, anzubieten oder geplant hat. Viele Mitarbeiter haben zwar gute Fähigkeiten, ihre zentralen Aufgaben zu bewältigen; gleichzeitig tun sie sich jedoch schwer damit, die Ergebnisse ihrer Arbeit oder neue Vorhaben in angemessener Form darzustellen. Dann sind Sozialkompetenzen gefragt, die über das eigentliche fachliche Wissen hinausgehen. Denn zur Moderation oder Präsentation gehören Fähigkeiten, wie Inhalte strukturieren sowie Zusammenhänge herstellen, die Zuhörer einer Veranstaltung ernst nehmen, sich in deren Situation hineinzuversetzen und zur Beteiligung zu aktivieren. Supervision oder Coaching kann in diesen Fällen helfen, die Moderation einzuüben, eventuell mit Video-Unterstützung einen «Probelauf» zu machen, um das Ergebnis bzw. die Präsentation dann selbstkritisch zu untersuchen.

Counselling. Beim *Counselling* geht es darum, dass Führungskräfte ihre Erfahrungen durch persönliche und fachliche Beratung den jüngeren Mitarbeitern zur Verfügung stellen. Der Vorgesetzte nimmt dann auch Funktionen als Vorbild, Lehrer und Coach für seine Mitarbeiter wahr. Denn häufig stoßen Mitarbeiter an ihre Grenzen und wissen nicht mehr weiter. Im Idealfall verfügt dann der jeweilige Vorgesetzte auch über die notwendigen sozialen Kompetenzen und den Vertrauensvorschuss, dass er als Helfer und Berater seiner Untergebenen auch tatsächlich nachgefragt wird. Es findet dann ein *Mitarbeitergespräch* statt. Hier sollten die jeweiligen Sichtweisen offen erörtert werden können. Oft ist es besser, wenn der Vorgesetzte als *Counsellor* dabei auf Werturteile, Ratschläge oder konkrete Lösungshinweise verzichtet. Sein Ziel sollte es sein, den Mitarbeiter zu befähigen, an seinen eigenen Erfahrungen zu partizipieren und ihm zu helfen, sein Potenzial an Selbstreflexion und Selbstverantwortung zu erhöhen. Counselling kann nur funktionieren, wenn es abgekoppelt ist von Themen, die mit Bewertung, «Seilschaften» und Karrierevorstellungen zu tun haben. Der Mitarbeiter müsste also großes Vertrauen in den Vorgesetzten setzen und auch nicht befürchten, dass, wenn eventuell sichtbare Schwächen deutlich werden, diese sich nachteilig auf die eigene Karriere auswirken. Umgekehrt darf der Counsellor seine Macht nicht missbrauchen und vertrauliche Informationen nicht für seine persönlichen Zwecke nutzen bzw. weitergeben.

Mentoring. Diese Nachteile des Counselling möchte das *Mentoring* vermeiden. Deshalb hat man mit dem Mentoring (Partnerschaft) eine institutionalisierte innerbetriebliche Einarbeitung, Beratung und Führung für jüngere Kollegen durch erfahrene ältere Mitarbeiter geschaffen. Die Mentorin gibt dem jüngeren Mitarbeiter wichtige Kenntnisse und Erfahrungen innerbetrieblicher Art bzw. hinsichtlich der Lieferanten, Kunden oder der Betriebsabläufe weiter. Nicht selten werden Mentoren mit Hilfe eines innerbetrieblichen Konzeptes in speziellen Trainings auf ihre Aufgabe vorbereitet. Solche Mentorenprogramme sind dann Instrumente für die Nachfolge- bzw. Karriereplanung oder auch zur Organisationsentwicklung. Beispielsweise will das «Hamburger Mentoring-Programm» zukünftige weibliche Führungskräfte im Bildungsbereich fördern. Dabei werden auch Elemente vom Coaching verwendet (von Schachtmeyer 2017, S. 61). Die Gefahren des Mentoring liegen darin, dass der ältere Mitarbeiter versuchen könnte, einen «Kronprinzen» aufzubauen oder eine «Seilschaft» zu errichten. Umgekehrt kann der betreute Mitarbeiter zu abhängig werden und zu wenig Selbstverantwortung übernehmen.

Hilfe beim «Schlechte-Nachrichten-Gespräch». Kaum jemand überbringt gerne eine schlechte Nachricht. Doch häufig gehört das zum beruflichen Alltag.

- *Einem Sozialarbeiter ist es unangenehm, einer Klientin mitzuteilen, dass sie eine geringere finanzielle Unterstützung erhält und stattdessen an einer Arbeits- und Bildungsmaßnahme teilnehmen soll. Hatte er doch mit ihr für eine Erhöhung der Unterhaltssätze gekämpft.*
- *Ärzte und Psychotherapeuten müssen ihre Patienten wahrheitsgemäß über den ungünstigen Gesundheitszustand informieren.*
- *Eine Lehrerin plant ein Gespräch mit den Eltern über die sehr schlechten Schulleistungen ihres Kindes.*
- *Ein Vorgesetzter muss einem Mitarbeiter die Kündigung der Geschäftsleitung erklären.*

Weil solche Gespräche unangenehm sind, werden sie gerne aufgeschoben. Manchmal kommt es vor, dass die Betroffenen «hintenherum», also über die «Gerüchteküche», davon erfahren. All das ist zu vermeiden. Oft gibt es die Gelegenheit, vor einem solchen Treffen das «Schlechte-Nachrichten-Gespräch» in Supervision oder Coaching vorzubereiten. Worauf ist dabei zu achten?
- Sofortige Mitteilung der Nachricht
- Auffangen der emotionalen Reaktion
- Gemeinsame Suche nach Lösungen (falls es welche gibt)
- sowie eine «Überleitung in den Alltag» (Weber 2005, S. 35)

Auf diese Weise lassen sich Aggressionen gegen den Überbringer der Nachricht, Verleugnung, regressives Verhalten, Sprachlosigkeit oder ähnliche wenig hilfreiche Äußerungen bzw. Verhaltensweisen vermeiden.

Krisen bewältigen. In diesem Abschnitt geht es nur um diejenigen Krisen, die sich im beruflichen Bereich auswirken, eventuell sogar dort entstanden sind. Unter den im Arbeitsbereich häufig auftauchenden Krisen versteht man Veränderungen und Verunsicherungen von Einzelpersonen sowie ihrer Bezugssysteme. Diese Krisen haben oft verschiedene Ursachen: Wandel der wirtschaftlichen oder betrieblichen Bedingungen, geänderte private oder berufliche Beziehungen oder gesundheitliche Gründe. Nicht selten handelt es sich um «akkumulierte Krisen» wie *kritische Lebensereignisse*, Partner- oder Bezugsgruppenwechsel, Verlust des Arbeitsplatzes, Krankheit, Sucht, Verrentung, Unfall oder Tod. Viele Hintergründe dieser Krisen kann man mit Hilfe von Beratung kaum beeinflussen. Allerdings ist es oft möglich, derartige Krisen rechtzeitig zu erkennen, verständlich zu machen und zu lindern. Als *Warnsignale* von Krisen gelten: Kontakt- und Beziehungsveränderungen, Strukturverlust im Alltag (häufiges Zuspätkommen, Vergessen, Chaos), psychosomatische Beschwerden, Suchtverhalten, psychotische Symptome (extreme Gedanken und Gefühle, Verfolgungsideen) oder Suizidgedanken bzw. Suizidversuche. Die Covid-19-Pandemie stellte eine weltweite Krise mit etwa 7 Millionen Toten dar. Sie erschütterte das Leben von Milliarden von Menschen. Wie sollte man sich in einer Krise verhalten? Da die Betroffenen oft emotional aufgewühlt sind, ist es meistens sinnvoll, sie erst einmal ihre Gefühle ausdrücken zu lassen. Dabei sollte man

- einerseits den Kontakt zu ihnen halten, also *emotional dabei sein*, und
- andererseits sich jedoch auch nicht zu sehr in das Geschehen hineinziehen lassen, also auf eine *innere Distanzierung achten* und keinesfalls denken, man müsste das Problem sofort und selbst lösen.

Denn es ist besser, in der Krise vorschnelle Lösungen oder gar Be- und Verurteilungen zu vermeiden. Wichtiger ist es, denjenigen, der sich in der Krise befindet, «auszuhalten», seine Ressourcen herauszufinden, ihm konkrete Hilfen und Beruhigung anzubieten. Bei der Gefahr von Selbstschädigung ist es manchmal allerdings wichtig, auch notwendige Grenzen zu setzen sowie externe Hilfen (z. B. Notarzt, Polizei) einzuschalten (Belardi u. a. 2007, S. 84).

Wie sollte man sich in einer Krise verhalten? Eine einfache Hilfestellung ist das «BELLA-Modell»:

- B = *B*eziehung aufnehmen
- E = *E*rfassung der Situation
- L = *L*inderung des Hauptproblems
- L = *L*eute einbeziehen (Ressourcen)
- A = *A*nsatz zur Problembewältigung

(Giernalczyk 2006, S. 466)

Ein einfaches Beispiel vorbeugender Krisenbewältigung kommt als *Mobilitätscoaching* aus den USA:

In den Vereinigten Staaten, dem Land mit der weltweit höchsten Mobilität, hat man inzwischen für Führungskräfte, die wegen ihrer wechselnden Arbeitsplätze auch ständig ihren Lebensort und ihre Bezugsgruppen verändern müssen, psychologisch orientierte Unterstützungssysteme geschaffen. Das «Employee Assistant Programme» wird von großen US-Firmen gefördert und genutzt. Man hat die Erfahrung gemacht, dass es humaner und finanziell günstiger ist, wenn man Leitungskräften auch im Ausland Hilfen anbietet, um mit den beruflichen und familiären Problemen besser zurechtzukommen. Diese gelten nicht nur für die neuen Herausforderungen in der Arbeit, sondern auch für die Familie; etwa um Ehekrisen zu vermeiden oder die Anpassung der Kinder an ein neues Schulsystem zu erleichtern. Dabei handelt es sich um eine inzwischen über Internet und Fachverbände von Psychologen und Coaches global angebotene Form der (präventiven) Krisenarbeit.

Aus Raumgründen kann dieses Thema nicht vertieft werden. In der Zeitschrift «Organisationsberatung, Supervision, Coaching» ist in der Nr. 3/2009 ein Themenheft zu Interkulturellem Coaching mit Beiträgen über «Auslandsentsendungen» erschienen.

Gefahr der Emotionalisierung von Arbeit. Arbeit hat für unsere psychische und soziale Identität und damit für unser Selbstwertgefühl eine enorme Bedeutung. Arbeit darf jedoch nicht «überwertig» sein. Wenn man das Selbstwertgefühl vollständig aus dem Beruf bezieht und im privaten Bereich über zu wenig Ressourcen verfügt, so wird man leicht anfällig für Zumutungen und Krisen in der Arbeit.

Auf der anderen Seite ist eine *hohe emotionale Besetzung* der Arbeit natürlich gerade in einer Dienstleistungsgesellschaft wichtig, weil nur mit Identifikation und Engagement gute Ergebnisse zustande kommen. Gleichzeitig erhöht diese Haltung jedoch die Anfälligkeit und emotionale Verwundbarkeit des Einzelnen. Ein sachliches und zweckrationales Verhältnis zur Arbeit, die lebenswichtige Trennung von Beruf und Privatleben, sind dann schwer möglich. Das ist vor allem der Fall, wenn die privaten Beziehungen unterentwickelt sind, die Arbeitszeit in die Freizeit ausgeweitet werden kann und wenn das Selbstwertgefühl zu sehr auf (äußere) Erfolge in der Arbeit ausgerichtet ist.

In den Medien wird oft – auch auf dem Hintergrund von wissenschaftlichen Untersuchungen – berichtet, dass Mitarbeiter und Führungskräfte von Organisationen aufgrund von Stress, Konkurrenz und Existenzproblemen am Arbeitsplatz erhebliche Ängste entwickeln. Diese Menschen fürchten um ihren Arbeitsplatz. Sie haben Angst davor, umgesetzt zu werden oder umziehen zu müssen (Schreyögg 2000). Auch hier können verschiedene Beratungsverfahren hilfreich sein: Personalentwicklung, Outplacing, Mobilitätsberatung, Krisenmanagement sowie natürlich Supervision oder Coaching.

Burn-out vermeiden. Oftmals jedoch misslingt eine Balance. Dann kommt es zu Krisen. Eine spezielle Form der Krise ist der *Burn-out*, also ein berufliches «Ausbrennen». Schon im Jahre 1974 prägte der amerikanische Psychoanalytiker Freudenberger diesen Begriff; damit meint er:
- Überforderung
- zu hohe Ansprüche
- zu geringe Anerkennung
- zu wenig Ausgleich im Privatleben und/oder
- Überbewertung der Arbeit

Zuerst hatte man diesen Begriff für Angehörige helfender Berufe verwendet. Schon seit Jahren wird er auf alle Berufe ausgeweitet.

Während der Grippewelle zu Anfang des Jahres 2018 kam es vor, dass in den Praxen einiger niedergelassener Ärzte täglich bis zu 100 Patienten auf Hilfe warteten.

Beim *Burn-out* kann es zu einer phasenartigen Entwicklung kommen:
1. Anfangsphase (besonders bei Berufsanfängern): hohes Engagement, Idealismus
2. Reduziertes Engagement für Betroffene, Klienten, Kunden, Kolleginnen sowie die Arbeit insgesamt

3. Pragmatismus, Stagnation und Überdruss den Betroffenen, Klienten oder Kunden gegenüber
4. Emotionale Reaktionen wie Schuldzuweisung, Depression, Aggression
5. Abbau körperlicher und geistiger Kräfte; Apathie und Verzweiflung
6. Weitere Verflachung der Gefühle
7. Psychosomatische Reaktionen
8. Verzweiflung, Krise, Zusammenbruch
(Bermejo/Muthny 1994, S. 27)

Dieser absteigende Verlauf muss natürlich nicht schematisch vonstattengehen. Während man bei *allen* Berufstätigen annimmt, dass mindestens ein Zehntel in diesem Sinne «berufsmüde» ist, so gilt als sicher, dass in den helfenden Berufen diese Quote noch höher liegt, da man hier auch in der Arbeit als Person mit seinen Beziehungen und Gefühlen stärker gefordert wird und oft nicht die Balance zwischen Nähe und Distanz halten kann. Was kann helfen?

– Sich abgrenzen, lernen, «Nein» zu sagen
– Reorganisation der Arbeit
– Anerkennungsgespräche mit einem Mitarbeiter
– Gehaltsgespräche, um das Gehalt mit der Leistung zu koppeln
– Neue Zielvereinbarung treffen
– Weiterbildung und Teamentwicklung fördern
– Coaching oder Supervision ermöglichen

In problematischen Fällen sollte geprüft werden, ob es sich um ein «Erschöpfungssyndrom» gemäß der «International Classification of Diseases» (ICD 10) handelt. In diesem Fall können approbierte Psychotherapeuten helfen. Kostenübernahme erfolgt durch die Krankenkassen.

Einer Überforderung am Arbeitsplatz kann auch eine Unterforderung entgegenstehen: Dann spricht man vom «Bore-out-Syndrom» (Cürten 2013, S. 473 ff.). In beiden Fällen kann es zu einer «inneren Kündigung» kommen.

Helfersyndrom abbauen. Vor allem bei den Angehörigen der helfenden Berufe kann eine überzogene persönliche Anspruchshaltung die Ursache von Burn-out sein. Man weiß, dass vor allem in den helfenden Berufen nicht wenige Menschen mit altruistischen, also selbstlosen Motiven sowie dem Wunsch nach menschlicher Nähe und Selbstverwirklichung durch die Arbeit anzutreffen sind. Dabei handelt es sich auch um einen großen Vorteil. Denn diese Einstellungen sind einerseits wichtige, möglicherweise noch zu entwickelnde berufliche Kompetenzen. Allerdings können sie andererseits durch ihre Einseitigkeit gleichzeitig eine Gefahr darstellen. Wenn die *Grenze* zwischen Privatem und Beruflichem, etwa zwischen Pflegerin und älteren Menschen, nicht eingehalten werden kann, kommt es zu Überlastungen, Gefährdungen und Krisen.

Deswegen befindet sich das Personal gerade in den psychosozialen Berufen häufig in einer *paradoxen Situation.* «Die Arbeit im psychosozialen Bereich erfordert auf der einen Seite professionelles Handeln, mit einem gewissen Maß an Objektivität und Instrumentalisierung des Kontaktes, andererseits aber auch ein persönliches, z. T. intimes Verhältnis, das eher einer familiären Beziehung gleicht und in dem eine emotionale Beziehung aufgebaut werden muss» (Bermejo/Muthny 1994, S. 29).

Die nachstehend genannten Persönlichkeitsfaktoren werden in der Fachliteratur als problematische Eigenschaften genannt:
- Labiles Selbstwertgefühl
- Sucht nach Zuwendung, aber auch deren Verleugnung
- Unrealistische Lebens- und Handlungsmöglichkeiten
- Unfähigkeit, eigene Grenzen zu erkennen
- Unvermögen, anderen eine Grenze zu setzen
  (Bermejo/Muthny 1994, S. 29)

In dieser Studie aus der Altenpflege wurde auch darauf hingewiesen, dass mit 47% knapp die Hälfte der Befragten zur Gruppe der «Burn-out-Gefährdeten» gehörte. Denn «ihre hohen Belastungswerte, die große Zufriedenheit und ihr junges Alter lassen vermuten, dass es sich hierbei um engagierte Mitarbeiter handelt, die noch voller Tatendrang sind» (Bermejo/Muthny 1994, S. 154).

Spätestens seit der wegweisenden Veröffentlichung von Schmidbauer über «Hilflose Helfer» (1977) wissen wir, dass scheinbar selbstlose Hilfe auch kritisch gesehen werden sollte. Was erhoffen sich die Helferinnen und Helfer, wenn sie sich jahrelang über ihre Kräfte aufopfern? Möchten sie durch machtvolle Helferhaltungen ihr eigenes Selbstwertgefühl auf Kosten der Bedürftigen stabilisieren? Warum ist es für «hilflose Helfer» so wichtig, von anderen «gebraucht» zu werden? Bei der Beantwortung dieser Fragen können Supervision und Coaching, vielleicht aber auch Psychotherapie Klärungshilfe geben.

Mobbing verhindern. Gerade hilflose und ausgebrannte Helfer, aber auch ehrgeizige Aufsteiger können leicht zu Mobbing-Opfern werden. Unter *Mobbing* versteht man die mehr oder minder bewusste Beschädigung des Ansehens oder der Persönlichkeit einer Mitarbeiterin bzw. eines Mitarbeiters mit dem direkten oder indirekten Ziel, dass der Arbeitsplatz verloren geht. Krisen enden oft in Mobbing-Vorfällen, wie umgekehrt Mobbing am Beginn von Krisen am Arbeitsplatz stehen kann.

Am Anfang von Mobbing existiert oft eine «wilde Gruppendynamik» innerhalb des Betriebes oder einer Abteilung. Wie kann man Mobbing verhindern?

- Wenn jemand in eine Außenseiterposition gerät, muss man das thematisieren.
- Das Betriebsklima ist immer verbesserungswürdig.
- Die interne Kommunikation sollte optimiert werden.

Mediation. Seit den 1990er Jahren sind auch bei uns Formen der *Mediation* als Vermittlungsmöglichkeiten bei Konflikten unterschiedlicher Art bekannt geworden. Mediation kann angewendet werden bei Konflikten zwischen Personen, beispielsweise nach Straftaten in Form des «Täter-Opfer-Ausgleichs». Häufig kommt die Mediation bei Trennungs- und Scheidungsfragen vor, etwa um das Sorgerecht für die Kinder zu regeln. Auch im Grenzbereich zwischen Politik und Ökonomie wird die Mediation praktiziert. Bekannt geworden sind die Einigungsversuche um den Ausbau des Frankfurter Flughafens. Mediation wird auch als eine Form des Konfliktmanagements zwischen Unternehmen angewendet. Mediation ist nicht identisch mit Supervision oder Coaching. Ähnlich wie bei Supervision und Coaching handelt es sich bei der Mediation auch um eine Zusatzqualifikation im Beratungsbereich. Methodisch gibt es einige Ähnlichkeiten, wie beispielsweise die Prozessorientierung und die Neutralität des Beraters. Manchmal verfügen Mediatoren auch über Qualifikationen in Supervision und/oder Coaching.

Containing. Auch im Beruf wird man oft mit Situationen konfrontiert, die eigentlich hoffnungslos sind: beispielsweise die lebensbedrohliche Erkrankung eines Kollegen, die Auflösung der Abteilung oder gar die Schließung des Betriebes und der Verlust des Arbeitsplatzes. Selbst wenn man mit Hilfe von Beratung viele dieser Probleme nicht löst, kann eine externe Unterstützung trotzdem hilfreich sein. Beraterinnen und Berater können nämlich auch eine *Projektionsfläche* für die «positiven» und «negativen» Gefühle oder Fantasien sein, die aus der Welt der Klientel in die Psyche der Supervisanden eindringen und diese belasten.

Das Schicksal des Haftinsassen, der sich trotz persönlicher Betreuung das Leben nimmt; der junge AIDS-Kranke, der gerade gestorben ist, oder andere «Grenzsituationen» können die helfenden Sozialarbeiter auch an die «Grenze» ihrer Kraft bringen und große Bedürftigkeit und Pessimismus deutlich werden lassen.

Idealerweise sollten Berater in solchen Fällen wie ein emotionaler «Container» wirken, der Bedürfnisse aufnimmt und sie befriedigt. Dabei kann der Dialog auch eine «tröstende» Funktion haben: etwa indem einfach vermittelt wird, dass «gute Arbeit» geleistet worden ist und man das Beste getan hat.

Zur «Container-Funktion» von Supervision und Coaching gehört es auch, diese tiefen Sinnfragen, Bedürftigkeiten und existenziellen Grenzen zu verstehen, anzusprechen und sozusagen «mitzunehmen», um die Supervisanden zu entlasten (Lazar 1994).

In der Supervision ist es dann wichtig, das einfach «auszuhalten». Wenn die unmittelbar Betroffenen ihre «Geschichten» «loswerden» können, sind diese eigentlich «weg», auch wenn das ursprüngliche Problem nicht gelöst ist. Denn das ist möglicherweise unlösbar. Allerdings kann die Belastung durch Zuhören des Mitgeteilten verringert werden.

Gibt es Containing auch im Coaching? Auch hier hat der Coach die Aufgabe, «emotionale Spannungen, ungelöste Konflikte und unbewusste Inszenierungen» aufzunehmen, «innerlich zu halten, zu verstehen und schließlich zu einem geeigneten Zeitpunkt als Hypothese oder Anregung zurückzugeben» (Giernalczyk u.a. 2013, S. 425).

Psychohygiene fördern. Schon im Jahre 1975 hat die inzwischen historische «Psychiatrie-Enquete» festgestellt: «Etwa jeder dritte Bundesbürger hatte bereits einmal in seinem Leben irgendeine psychiatrische Krankheit durchgemacht oder leidet noch daran» (Deutscher Bundestag 1975, S. 7). Mehrere Folgeuntersuchungen bestätigten diesen Sachverhalt bis heute. Beispielsweise hat eine Befragung des Max-Planck-Instituts der T.U. Dresden im Jahre 2000 ergeben, dass 20% der 18–65-jährigen Deutschen unter psychischen Störungen leiden, die behandelt werden sollten. Das bedeutet bezogen auf die Arbeitsfähigkeit, dass die Betroffenen aufgrund psychischer Probleme im Durchschnitt ein bis zwei Tage pro Erkrankung vom Arbeitsplatz fernbleiben (Frankfurter Rundschau, 18.11.2000).

Der «Gesundheitsreport 2015» der Barmer Krankenkasse spricht sogar davon, dass etwa 30% der Versicherten innerhalb eines Jahres «mindestens eine Diagnose im Sinne einer psychischen Störung» hatten (Internet-Zugriff 8.4.2018).

In der Regel dauert es dann durchschnittlich bis zu sieben Jahre vom Erkennen bis zur Behandlung eines Problems (Meyer u.a. 1991, S. 17).

Diese Angaben verdeutlichen, wie notwendig Psychohygiene ist und wie gefährlich es sein kann, wenn Ratsuchende in unqualifizierte Hände geraten. Psychohygiene *(mental health)* meint allgemein Maßnahmen zur Erhaltung seelischer, geistiger und körperlicher Gesundheit der Bevölkerung. In jüngster Zeit wird dieser Begriff auch auf präventive und fördernde Maßnahmen für berufliche Zusammenhänge angewendet. Zur Psychohygiene gehören demnach Verbesserungen der Arbeitsbedingungen, wechselseitige Unterstützung, stabile Beziehungen im privaten Bereich, Entlastung durch sinnvolle Freizeitaktivitäten, Weiterbildung – und auch Supervision oder Coaching.

Wie steht es beispielsweise um die Psychohygiene der Lehrerinnen und Lehrer? Je nach Untersuchung gehen nur

- 5–30% des Lehrpersonals mit 65 Jahren in Pension,
- 31–56% scheiden vorher wegen Dienstunfähigkeit aus,
- die Übrigen gehen mit 63 Jahren in den Ruhestand.

Welche Merkmale haben psychisch labile oder psychisch erkrankte Lehrer? Diese sind häufiger geschieden oder alleinlebend und hatten zu Berufsbeginn vermehrt idealistische Motive (Psychologie heute 2/2000, S. 9).

VI. Supervision und Coaching als Prozess

In diesem Kapitel wird ein idealtypischer Supervisionsprozess vom Erstkontakt bis zum Abschlussgespräch dargestellt. Vieles davon gilt auch für den Coaching-Bereich. Wo liegen die Unterschiede? Supervisionsprozesse sind in der Regel länger und reichen meistens mehr in die «psychologische Tiefe», denn oft geht es um Menschen in Not. Trotzdem befinden sich regelmäßige Supervisionen nicht so sehr unter dem zeitlichen Druck, eine Entscheidung treffen zu müssen, wie im Coaching. Nur dort, wo sich Supervision und Coaching sehr unterscheiden, wird direkt darauf hingewiesen und die Sachverhalte werden getrennt dargestellt.

1. Feldkompetenz, interne und externe Beratung

Unter *Feldkompetenz* versteht man die Kenntnis von Beratungsfachleuten über das jeweilige Arbeitsfeld, die Mitarbeiter sowie die Klientel bzw. Kunden; aber auch spezielle Beziehungsdynamiken, berufliche Probleme und die jeweiligen Kulturen der Organisation (S. 100). Viel mehr als bei der Supervision scheint beim Coaching die Feldkompetenz eine Rolle zu spielen. Meistens werden Coaches bevorzugt, die ihrerseits Erfahrungen in einer Leitungsrolle hatten.

Internes Coaching: Manche Großorganisationen, wie in der Automobilindustrie oder bei einigen Bundesbehörden, verfügen zunehmend über «interne Coaching-Pools». Die bei den dortigen Personalabteilungen fest angestellten internen Coaches sind «fürs untere und fürs Mittelmanagement» zuständig (Schreyögg 2011, S. 127).

Internes und verordnetes Coaching kann als «Nachhilfe für Leistungsschwache» erlebt werden (Rauen 2002, S. 76). Um eine mögliche Stigmatisierung zu vermeiden, sollte man den «leistungsfördernden Aspekt» dieser Maßnahme hervorheben (S. 80). Schreyögg erläutert im «Coaching-Magazin», dass inzwischen das interne Coaching zunähme. Denn die Freiberuflichkeit sei für viele kein Ideal mehr. Oft ist eine feste Stelle in der Personalentwicklung interessanter und sicherer (2017, S. 4). Rauen hatte schon vor Jahren ein Programm für organisationsinternes Coaching vorgestellt (2004).

Natürlich unterliegen die internen Berater der gleichen gesetzlichen Schweigepflicht wie externe (beispielsweise StGB § 203: Verletzung von Privatgeheimnissen). Trotzdem ist es verständlich, dass Vertrauen und Offenheit bei internen Beratern nicht so leicht herzustellen sind wie bei Beratern von außerhalb. Ängste lassen sich auch nicht einfach durch Hinweise auf die gesetzliche Schweigepflicht abbauen.

Die Fachzeitschrift «Organisationsberatung, Supervision, Coaching» hat dem «Organisationsinternen Coaching» ein Themenheft gewidmet (2/2011).

Externes Coaching: Schreyögg schreibt, dass externe Coaches «meistens fürs Topmanagement zuständig seien» (2011, S. 127).

Diese stehen dem Leitungspersonal auch für regelmäßige, oft thematische Weiterbildungen zur Verfügung und sind in Ausnahmefällen «rund um die Uhr», für Notfälle auch auf elektronischem Wege erreichbar. Das gibt es bei der Supervision nicht.

In der Wirtschaft sind *externe* bzw. freiberufliche Coaches, ebenso wie in der Supervision für die Helferberufe, die Regel. So spricht Böning davon, dass etwa drei Viertel der Unternehmen externe Coaches nutzen (2002, S. 36).

Interne Supervision bedeutet, dass der Supervisor auch ein hauptamtlicher Mitarbeiter in der Organisation ist, in welcher die zu Beratenden arbeiten. Beispielsweise beschäftigen größere kommunale Jugendämter oder Wohlfahrtsverbände interne Supervisoren auf Stabsstellen. Die dort tätigen Supervisorinnen und Supervisoren besitzen dann aufgrund ihrer Nähe zum jeweiligen Unternehmen eine höhere *Feldkompetenz* als Außenstehende. Sie bieten für Einzelne und Teams regelmäßig Supervision an, stehen aber auch für Notfälle und Betreuung von Praktikanten zur Verfügung.

Externe Supervision ist, ähnlich wie beim Coaching, die Regel. In einer Befragung von 239 Beschäftigten der Sozialen Arbeit in Baden-Württemberg konnten zu 90% externe Supervisoren festgestellt werden (Drüge/Schleider, 2015, S. 392).

Allerdings sind interne Supervisionen im Sozialwesen meistens auch Teamsupervisionen (S. 101 ff.) Das kann, unabhängig von der Person und der Rolle des Beraters, den offenen Austausch erschweren. Diesen möglichen Nachteilen von internen Beratern stehen jedoch auch Vorteile gegenüber: Interne Supervisoren bzw. Coaches kennen den jeweiligen Betrieb oft besser als außenstehende Berater.

«Freiburger Modell der Supervision von Krankenschwestern und Krankenpflegern am Universitätsklinikum»: Das Freiburger Universitätsklinikum gehört zu den größten Einrichtungen seiner Art in Deutschland. Über 2800 Krankenschwestern und Krankenpfleger sowie 1000 Ärztinnen und Ärzte versorgen jährlich 50 000 stationäre und 380 000 ambulante Patienten. Um die psychische Gesundheit des Personals zu erhalten, Fehlzeiten, überhöhte Fluktuationen, Helferprobleme sowie Burn-out zu verringern, hat man bereits 1989 einen Supervisionsdienst als Stabsstelle geschaffen, der von zwei Diplom-Psychologinnen ausgeübt wird. Seit dieser Zeit wurden von nahezu allen Abteilungen des Klinikums über 130 Supervisionsgruppen mit mehr als 1400 Sitzungen durchgeführt. Hinzu kamen noch

Kriseninterventionen (S. 69 ff.) sowie Supervision von Leitungspersonal, also Coaching (S. 94 ff.). Dabei hat jede Station zunächst Anspruch auf zehn Sitzungen Supervision. Diese werden auf die Dienstzeit angerechnet und sind für die Beteiligten freiwillig und kostenlos. Die Akzeptanz ist überdurchschnittlich groß (Report Psychologie 9/2000, S. 575).

Mit den Vor- und Nachteilen der *externen* Arbeit verhält es sich im Grunde genommen umgekehrt. Der Berater kommt von außen und ist deshalb nicht so sehr in Gefahr, «betriebsblind» zu sein, er wird eher «neutral» wahrgenommen. Möglicherweise versteht der Externe allerdings zu wenig vom jeweiligen Berufsfeld. So kann er durch mangelnde *Feldkompetenz* zu falschen Schlüssen und Deutungen gelangen, weil er die jeweiligen Gepflogenheiten in der Branche, die spezielle Geschichte, informelle Regeln oder Kommunikations- und Organisationskultur nicht kennt.

Erwähnt werden sollen noch weitere Möglichkeiten: Vor allem zu Ausbildungszwecken kann man vor Zuschauern, durch einen Einwegspiegel oder über Video, eine Supervisions- oder Coaching-Sitzung zeigen. Vor allem beim Coaching kommt es vor, dass die Beratungen auch telefonisch, per Skype oder online stattfinden.

2. Die Prozess-Beratung

Bevor man mit einer Beratung beginnt, sollte man sich über sein Menschenbild, seine ethischen Grundsätze, Grob- und Feinziele sowie die davon abgeleiteten Überlegungen und Strategien im Klaren sein. Denn daraus entwickeln sich, mehr oder weniger unausgesprochen, die jeweiligen Vorstellungen von Beratung. Vereinfacht gesagt, kennen wir *drei Modelle* von Beratung:

(1) Beratung wird verstanden als *Kauf von Expertenwissen* bzw. *Beschaffung von Informationen:* Der Klient weiß um das Problem, hat eigentlich nur eine Unklarheit, die er in Fragen formulieren kann. Deshalb sucht er sich eine Fachperson als Berater. Diese teilt ihm die Lösung mit. Es leuchtet ein, dass dieser

Ansatz nur bei ziemlich einfachen und technischen Sachverhalten funktioniert.

(2) Auch die zweite uns allen geläufige Beratungsvorstellung folgt einfachen linearen Gedankengängen; es handelt sich um das so genannte *Arzt-Patient-Modell:* Hier kennt der Ratsuchende sein Problem nicht genau und verfügt auch nicht über Wissen und Können, dieses selbst zu lösen. Er nennt dem Helfer seine Schwierigkeiten (Symptome) und delegiert damit gleichzeitig Verantwortung und Handeln an ihn. Der Helfer ist bei diesem Modell nicht nur für die «richtige Diagnose», sondern auch für eine «erfolgreiche Therapie» verantwortlich. Das Problem wird vom Helfer ohne Zutun des Klienten, oft auch ohne genaues Wissen und ohne Beteiligung des Klienten, gelöst (Schein 1988, S. 5 ff.).

(3) Supervision oder Coaching hätten bei diesen beiden Modellen keinen Sinn. Fehlende Informationen kann man sich heutzutage auf elektronischem Wege und Symptomlinderung durch ein Medikament verschaffen. Supervision und später Coaching sind für komplizierte kommunikative Arbeitsprobleme entwickelt worden. Hierbei hilft das *Prozess-Beratungsmodell* mit einem völlig anderen Verständnis von psychischen und sozialen Schwierigkeiten sowie deren Lösung. Der Klient «besitzt» und «behält» das Problem (Schein 1987, S. 29). Der Berater hilft dem Klienten lediglich, sein Problem zu erkennen, damit dieser es selbst lösen kann. Das geschieht eventuell auch, indem der Klient seine Sichtweise bzw. sein Verhalten verändert. Dabei hat der Berater die professionelle Verantwortlichkeit für den Verlauf einer guten Beratung, nicht aber für das, was der Klient mit den Ergebnissen der Beratung anfängt. Supervision oder Coaching ist kein «Rat-Schlag».

Manchmal haben wir es allerdings mit Ratsuchenden aus den Bereichen Ökonomie, Technik oder Naturwissenschaft zu tun, die das Gespräch eher linear und technisch im Sinne der Modelle (1) oder (2) verstehen. Dann müssen sich die Beraterinnen und Berater auf die Klienten einstellen.

Erfolgreiche Supervision bzw. Coaching können aber nur unter den Bedingungen dieses *Prozess-Beratungsmodells* funktionieren. Denn es geht um die Umsetzung komplizierter Beeinflussung von menschlichen Verhaltensweisen ohne Manipulation.

3. Anlässe und Beginn

Vor allem dort, wo Supervision bzw. Coaching erstmalig stattfinden soll, ist es wichtig, vor Beginn zu untersuchen, weshalb gerade *jetzt* eine Beratung gewünscht wird. Denn es muss irgendetwas passiert sein, damit zumindest eine Person die Unterstützung wollte. Wenn eine Institution, eine Abteilung oder ein Team erstmalig eine Beratung sucht, dann ist dort schon etwas Besonderes vorgefallen. Es kann sich um ein Problem mit Kunden, Klienten oder im Team handeln.

Vielleicht haben die teaminternen Auseinandersetzungen zugenommen, oder Einflüsse von außen (Reorganisation, Personal- oder Mittelkürzungen) sind ein Anlass. Schwierig ist es, wenn die Beratung eventuell als «Strafaktion» von «oben» verordnet wurde. Es kommt auch vor, dass die Leitung einer Organisation personelle oder finanzielle Fehlentscheidungen getroffen hat. Nun bekommen die Mitarbeiter eine Beratung «verordnet», um die gröbsten Folgen dieser Fehler «auszubessern». In diesem Falle spricht man von einem *delegierten Leitungsproblem* an den Supervisor bzw. an den Coach. Die Erfahrung zeigt, dass es am besten ist, wenn eine *Klärung* über diese Fremdeinflüsse auf den geplanten Beratungsprozess stattfinden kann. Ansonsten ist es möglich, dass die Beratung als «verlängerten Arm» der Leitung erlebt wird und das Vorhaben scheitert. In jedem Fall ist es Aufgabe der Supervisorin oder des Coachs, in dieser Anfangsphase über die noch unbekannte Vorgeschichte möglichst viele Informationen zu erlangen. Weshalb? Weil diese Vorgeschichte wesentliche Informationen über die jeweilige Einrichtung, das vermutete Problem, die Binnendynamik und den Prozess der Entscheidung zur Beratung liefern könnte. Der schweizerisch-amerikanische Organisationswissenschaftler *Edgar H. Schein* (1928–2023) fasst diese Haltung von Beratern dem Rat suchenden System gegenüber mit den folgenden vier Worten zusammen: «Who is the Client?» (Schein 1987, S. 117). Daraus erschließen sich dann die Handlungsstrategien. Denn die Erfahrungen zeigen, dass wichtige Dinge schon passiert sind, *bevor* die Supervisorin oder der Coach gerufen wurde. Das *nachfragende System* (Einzelperson, Team, Organisation) musste sich selbst als «hilfebedürftig» definieren oder wurde von Vorgesetzten dazu gezwungen. Allein das kann eine solche Kränkung sein, dass einige (bewusst oder unbewusst) wünschen und eventuell herbeiführen, dass die Beratung scheitern möge – wenn man sie schon nicht verhindern kann.

Die Fachleute nennen diese Sammlung und Auswertung von Informationen die *Analyse der Nachfrage*. Diese Untersuchung findet schon vom ersten Briefwechsel oder Telefonat an statt. Sie tritt sozusagen in die «heiße Phase», wenn das Erstgespräch kommt. *Auftragsklärung:* Es ist wichtig, bei der Supervision oder beim Coaching von komplexen Arbeitseinheiten (Team, Organisation) zu klären, *wie* der Auftrag an die Beratung lautet. Dabei kann auch interessant sein, *wer wen wie* empfohlen hatte und *welche* bewussten oder unbewussten Fantasien damit verbunden sind.

4. Das Erstgespräch

Das Erstgespräch ist die Situation, in welcher die Analyse der Nachfrage in einen *Dialog* zwischen Beraterin oder Berater sowie dem nachfragenden System mündet. Manchmal reicht dazu die Zeit eines Erstgesprächs nicht aus, so dass weitere Informationen bei den späteren Sitzungen eingeholt werden sollten. Die Supervisorin oder der Coach können auch zeigen, *wie* gearbeitet wird. Deswegen stellt das Erstgespräch auch eine Art *Probesupervision* bzw. *Probecoaching* dar. Die Nutzer der Beratung möchten ihrerseits sehen, ob die Beratungsperson Möglichkeiten zur Lösung des Problems anbieten kann und vertrauenswürdig ist.

5. Kontakt und Kontrakt

Nicht selten haben die Nachfrager nach Supervision bzw. Coaching unrealistische Vorstellungen von den Möglichkeiten dieser Hilfen. Beispielsweise muss es sich im ersten *Kontakt* beim anfänglich vorgetragenen Thema nicht immer um die «eigentliche» Problematik handeln. Denn das Einstiegsthema kann mehr oder weniger bewusst vorgeschoben, zu «Testzwecken» vorgetragen oder auch einfach eine falsche Annahme sein.

– *Ich kann nicht führen.*
– *Meine Mitarbeiter machen nicht, was ich von ihnen erwarte.*
– *Ich habe einfach ein schlechtes Team.* (Dehner 2002, S. 297)

Das sind alles Selbstaussagen, die es wert sind, hinterfragt zu werden.

Manchmal scheuen sich die Beteiligten auch, die eigentlichen «Knackpunkte» direkt anzusprechen. Wenn das anfängliche Problem nicht mit dem (hinterher festgestellten) «eigentlichen» Problem übereinstimmt, sprechen wir von einem *Einstiegsproblem* oder *Präsentierproblem.* Dann müsste die Supervisorin oder der Coach schon in den ersten Stunden in einem gemeinsamen Prozess das ursprüngliche *Einstiegsproblem* in ein von den Beteiligten akzeptiertes und realisierbares Arbeitsthema umformulieren. Was kann erreicht werden?

Das Einstiegs- oder Präsentierproblem kann auch Ausdruck von *Widerständen* gegen die Beratung sein. Dann sind diese Widerstände auch als eine berechtigte Angst vor Veränderung aufzufassen. Diese muss der Berater erkennen und angemessen damit umgehen. Druck oder vorschnelle Deutungen sind zu vermeiden.

Am Ende des Erstgesprächs wäre das *gemeinsame Ziel* festzulegen. Hierbei ist es möglich, dass eine der vielen Varianten (S. 93 ff.) der Beratung zur Geltung kommt.

Dem Kontakt folgt beim Erstgespräch idealerweise ein klarer *Kontrakt.* Dieser enthält unter anderem in schriftlicher Form die Anzahl der Sitzungen, Kommunikationsregeln (S. 65 f., 88 ff.) sowie die Zusicherung von Anonymität. Rahmenverletzungen (Zuspätkommen, Ausfall von Sitzungen, Nichteinhalten von Vereinbarungen) sind zu thematisieren. Oft handelt es sich um (begründete oder verständliche) Widerstände, die nach einer Klärung fruchtbar sein können.

6. Dreiecksverhandlungen

Bei Supervision oder Coaching in Organisationen bzw. für Mitglieder von Organisationen haben wir es meistens mit einem «Dreieckskontrakt» zu tun: Berater, Supervisand oder Coaching-Nehmer bzw. Team sowie die Geschäftsleitung. Dabei kann es zu Erfolgs- oder Misserfolgswünschen, verborgenen Zielen und «geheimen Aufträgen» kommen. Wenn Berater diese verstehen und es vermeiden, sich auf «eine Seite» ziehen zu lassen, es ihnen gleichzeitig gelingt, diese Einflussfaktoren in den Prozess zurückzuspeisen, dann haben sie die Chance, etwas zu bewegen. In jedem Falle sind die Modalitäten von Terminen und Finanzen mit der Unternehmensleitung zu klären. Auch diese ist darüber zu informieren, dass aus Gründen des Datenschutzes keine Einzelheiten mitgeteilt werden dürfen. Allerdings hat die Geschäftsleitung das Recht zu erfahren, ob die Beratung stattgefunden und wer daran teilgenommen hatte. Ebenso kann man sie ganz allgemein über die Themen informieren.

7. Der idealtypische Prozess

Der folgende Abschnitt bezieht sich eher auf die Gruppen- und Teamsupervision für helfende Berufe. In der Regel beginnt eine thematisch offene Gruppen- oder Teamsupervisionssitzung mit einer kurzen *Aushandlungsphase* darüber, wer zuerst über was berichtet. In manchen Einrichtungen haben sich die Teilnehmer schon vor Sitzungsbeginn darauf verständigt. Ansonsten fragt der Berater und legt eventuell im Einverständnis mit den Teilnehmern eine Reihenfolge der zu besprechenden Themen fest.

In dieser *Aushandlungsphase* kommen häufig offene und verdeckte Anliegen zur Sprache. Zwei, drei oder mehr Themen werden kurz benannt, finden aber vielleicht keinen Anklang. Meistens bildet sich dann in einem kurzen Gruppengespräch aus mehreren diffusen Äußerungen und Anliegen plötzlich ein *Kernthema* heraus (Belardi 2020, S. 89). Dieses findet dann spontan das Interesse und die aktive Beteiligung der Mehrheit und wird zur Grundlage des folgenden Kernprozesses. Die Erfahrung zeigt, dass es sich in diesen Fällen um typische gemeinsame und eher unbewusste Themenfindungen einer Gruppe, eines Teams oder einer Institution handelt. Latent vorhandene Spannungen, tieferliegende Themen, Bedürfnisse oder Konflikte werden auf diese Weise manifest. Das funktioniert allerdings nur, wenn es dem Berater gelingt, den Gruppenprozess nicht zu sehr zu steuern, um gerade durch die Unstrukturiertheit einen Raum für die Artikulation vorbewusster oder unbewusster Anliegen zu schaffen, ähnlich wie in der Balint-Gruppe (S. 24 ff.). Jede übermäßige Formalisierung des Prozesses behindert die Kreativität. Der Gefühlsbereich würde dann vernachlässigt: Man kann nicht mehr «wahrnehmen», was gefühlt oder gedacht, nicht aber gesagt wurde.

Nach der Aushandlungsphase sowie der Entscheidung für einen «Fall» kommt es zur *Falldarstellung* durch den *Falleinbringer*. Die übrigen Gruppen- oder Teammitglieder sollten dabei nur kurze Verständnisfragen stellen. Das ist deswegen wichtig, damit diese nicht ihre «eigene Geschichte» an diesen Fall «dranhängen» und auf diese Weise die Kommunikation verwirren («Ein fremdes Pferdchen reiten»). Darüber zu wachen, ist vor allem die Aufgabe des Gruppenleiters. Aus diesem Grunde hält er sich mit Stellungnahmen zurück. Er nimmt eine neutrale, eher am Prozess und weniger an den Inhalten orientierte Position der «frei schwebenden Aufmerksamkeit» ein. Es kommt dann zur *Fallbearbeitung* durch die Gruppe. Diese wird umso erfolgreicher, je weniger strukturierend, belehrend oder bewertend das Ganze ist, je mehr die Teilnehmer ihre spontanen Einfälle oder Gefühle zum Fall äußern können. Es folgt die *Rückmeldung* des Falleinbringers darüber, was ihm die Assoziationen und Kommentare der Gruppenmitglieder gebracht haben. Dann kann die nächste Fallbeschreibung beginnen.

Vor allem durch die Förderung spontaner Einfälle kommt es in der Mittelphase der Supervisionssitzung zur Freisetzung unbewussten Materials. Zu diesen vor- oder unbewussten Inhalten gelangt man, indem man Fragen stellt, die wegführen von der rein vernunftmäßigen, von Ich-Kontrolle und Sachlichkeit geprägten Ebene. Mit Fragen «Wie ging es Ihnen dabei?» oder «Was haben Sie gefühlt?» lockert man den Realitätsbezug und bringt die Teilnehmer dazu, sich auf ihre Affekte und Fantasien einzulassen. Diese wirken wie ein bisher noch unbekannter «Schatz» und ermöglichen die Betrachtung des Geschehens von einer anderen, nicht alltäglichen Warte aus. In der Mittelphase eines solchen Berichtes sind sehr wohl auch stärkere Gefühlsäußerungen wie Angst, Wut oder Verzweiflung zulässig, ja manchmal erwünscht und notwendig. Am Ende einer Fallschilderung sollten dann die rationale Betrachtung des Falles sowie Gedanken zum «nächsten Schritt» stehen.

Ein derartiger (idealer) Ablauf ist nur in einer auf diese Weise geleiteten und gleichzeitig die Spontaneität begünstigenden Gruppenarbeit möglich. Aus diesem Grunde sind, wie schon erwähnt, Bewertungen, Rezepte oder Rechthaberei unpassend. Sie stören das spontane und kreative Klima, welches für erfolgreiche Beratung notwendig ist.

Es leuchtet ein, dass diese Supervisionsprozesse unterschiedlich lang, intensiv, psychologisch oder im Falle von Coaching stärker sach- und entscheidungsbezogen sowie zeitlich kürzer sein können. Die Sitzung endet oft mit einer kurzen Rückmeldung der Gruppenmitglieder, wie das aktuelle Treffen für sie gewesen ist. Beispielsweise kann man als schnelle Rückmeldung ein *Blitzlicht* erbitten:

1. Jeder Gruppenteilnehmer sagt mit drei möglichst kurzen Sätzen etwas über die eigene *Befindlichkeit*,
2. was man in der vorangegangenen Arbeitseinheit *Neues* erfahren hat und
3. was man sich für die weitere Zusammenarbeit *wünscht*.

Um den Prozess abzuschließen, sind Rückfragen oder Diskussionen des Blitzlichts nicht vorgesehen. Die nächste Gruppensitzung kann mit Rückmeldungen des Falleinbringers beginnen, was er aufgrund der Fallbearbeitung seitdem in der Praxis anders getan, was sich verändert hat («Wasserstandsmeldung»).

Nicht jede Gruppen- oder Teamarbeit enthält ausschließlich Fallschilderungen. Denn es geht auch um Fragen der Beziehungen im Team, in der Abteilung, zur Organisation oder zu externen Instanzen (Klienten, Kunden, benachbarte Einrichtungen). Dann geraten noch stärker als bei der Fallarbeit typische gruppendynamische Prozesse in den Vordergrund (S. 97 ff.).

8. Methodik

Hierzu gehören regelmäßige methodische Schritte wie beispielsweise die Eröffnungsrunde oder der Gruppenschluss; ebenso die spezielle Vorgehensweise zur Falldarstellung sowie Rückfragen an die Gruppen- oder Teammitgliedern darüber, was ihnen während der Fallschilderung aufgefallen ist. Damit bieten diese ritualisierten Verfahrensweisen über ihre Struktur auch die notwendige Sicherheit, sich auf das eigene Unbewusste einzulassen.

Aber auch psychodramatische Rollenspiele, Team- oder Organisationsaufstellungen sowie die gezielte Rückmeldung *(Feedback)* sind gute methodische Hilfsmittel. Denn das *Feedback* ist bei vielen Formen beruflicher und privater Kommunikation hilfreich (Cohn 2016). Dabei ist es wichtig, einige Regeln zu beachten.

- *Feedback* sollte ausführlich, konkret, nicht verletzend und direkt auf eine bestimmte Verhaltensweise oder Äußerung des Gegenübers bezogen sein.
- Dabei ist es hilfreich, wenn darauf hingewiesen wird, dass es sich um eigene Wahrnehmungen, Gefühle oder Meinungen und nicht um etwas objektiv «Richtiges» handelt.
- Je kürzer, neutraler und freundlicher ein *Feedback* ist, desto mehr Wirkung hat es.

Für diejenigen, an die das *Feedback* gerichtet ist, empfiehlt es sich,

- ruhig zuzuhören, sich nicht zu rechtfertigen oder zu verteidigen,
- eigene Gefühle (Freude, Ängste, Befürchtungen) dem anderen mitzuteilen,
- sich zu überlegen, ob man das schon einmal gehört hat.

Was sollte man aufgreifen? Grundsätzlich gilt, dass in der Beratung nur das besprochen werden sollte, was die Beteiligten selbst mit eigenen Kräften und Mitteln zu verändern oder zumindest zu beeinflussen in der Lage sind. Das wird normalerweise schon bei der Zielformulierung in der ersten Sitzung hervorgehoben, gerät jedoch während des Prozesses zuweilen in Vergessenheit. Die Supervisorin bzw. der Coach haben darüber zu wachen, dass sich die *Kommunikation* auf das *Machbare* beschränkt und keine Zeit und Energie auf irreale und unlösbare Dinge verschwendet werden.

Welche Haltung sollte eingenommen werden? Wie kann man effektiv in der Gruppe kommunizieren? Nachstehend habe ich einige Vorschläge zusammengestellt:

Falleinbringung. Wer einen Fall vorträgt und befragt wird, hat «recht»; er ist für die anderen unangreifbar; wenn er trotzdem angegriffen wird, sollte nicht er, sondern der Angreifer wegen seines Angriffs hinterfragt werden.

Spiegelphänoneme. Bleiben wir beim letzten Gedanken. Wenn eine Fallschilderung bei den Zuhörern heftige Affekte (Angst, Abwehr, Aggressionen, Mitleid) auslöst, ist es wichtiger zu untersuchen, woher die Affekte kommen, als den Falleinbringer dafür zu reglementieren. Denn häufig spiegeln die Affekte auf den Fallbericht die Gefühle aus der Ursprungssituation. Diese Spiegelphänomene (S. 26 f.) sollten ermöglicht werden, weil sie auch diagnostisch sehr hilfreich sein können.

Fragen. Wer fragt, der führt. Keine Suggestivfragen, sondern offene Fragen stellen.

Grundhaltung. Positive Absichten unterstellen. Werte und Positionen zeigen, gewährend, freundlich, nicht bewertend.

Gruppenatmosphäre. Sich und den anderen Zeit lassen, Pausen zulassen, Uneindeutigkeiten ertragen.

Schutz der Gruppenmitglieder. Alles, was besprochen wird, bleibt in Gruppe, Team oder Abteilung.

Fallbericht. Dieser sollte möglichst spontan und nicht mit Hilfe von schriftlichen Materialien vorgetragen werden. Die Beraterin bzw. der Berater sorgt dafür, dass es nicht zu Unterbrechungen, Bewertungen oder sonstigen störenden Äußerungen kommt.

Sachfragen klären. Rückfragen inhaltlicher Art ohne Kommentierung, beispielsweise nach Daten, Alter, Geschwisterzahl der Problembeteiligten oder beruflichem Status, Werdegang, Anzahl der Dienstjahre, sind möglich.

Äußere Wahrnehmung. Was ist mir beim Fallbericht aufgefallen? Keine Rückfragen und Bewertungen der anderen Gruppenmitglieder zulassen!

Innere Wahrnehmung mitteilen. Was hat der Fall in mir ausgelöst, welche Bilder, Gedanken, Assoziationen und Fantasien habe ich danach? (Keine Rückfragen und Bewertungen der anderen Gruppenmitglieder zulassen.)

Der Fall im «Spiegel der Gruppe». Vertiefung, Hypothesen, diagnostische Überlegungen, welche Bedeutung haben die Reaktionen der Gruppenmitglieder für den Fall?

Mut zur Dummheit (Balint). Es ist ideal, wenn es gelingt, ein Gruppenklima der verminderten Angst und Kontrolle herbeizuführen, wenn die Teilnehmer auch Dinge sagen, die sich jenseits der eigenen Ich-Kontrolle befinden, und wenn diese Äußerungen von den anderen nicht sanktioniert werden.

Freies Assoziieren. Das meint die Fähigkeit, Gedanken und Fantasien zuzulassen, die eher aus dem Vor- oder Unbewussten kommen, die «Vernunft» zu reduzieren.

Gruppengrenzen. Die Gruppengrenzen sind nach außen fest, um störende Fremdeinflüsse zu vermeiden; beispielsweise Telefon ausschalten oder Verschwiegenheit einhalten. Sie sind aber nach innen so offen wie möglich.

Ziele. Es können nur Dinge besprochen werden, die außerhalb mit eigenen Kräften realisierbar scheinen, etwa durch veränderte eigene Sichtweisen oder neues eigenes Verhalten.

Persönliche Grenzen. Jeder sagt nur, was er sagen möchte. Niemand wird zu etwas gezwungen.

Sprachregelung. Jeder spricht nur von sich («ich» statt «man» oder «wir»). Es kann nur einer sprechen.

Kreativität nutzen. Unbewusste Prozesse zulassen, Bilder, Geschichten, Metaphern und Symbole verwenden. Zukunftsperspektive entwickeln.

Störungen. Störungen (persönlicher, gruppaler, institutioneller Art) haben Vorrang; erst wenn sie beseitigt sind, kann es weitergehen.

Lösungsmöglichkeiten. Sammlung von Ideen, mögliches weiteres Vorgehen, welches ist der nächste Schritt?

Von *Peter Fürstenau* (1992, S. 187 f.) stammen noch folgende Vorschläge zu *Interventionsweisen* in der berufsbezogenen Beratung:

1. Akzeptieren und Bestätigen
2. Verstärken, Bekräftigen, Ermuntern
3. Beschreiben, Fokussieren, konfrontierend Hervorheben, Akzentuieren, Modellieren
4. In-einen-anderen-Rahmen-(Zusammen-)Stellen, Umdeuten, Interpretieren
5. Eine-Werthaltung-(Position-)Deklarieren
6. Aufgaben-Stellen; Veranlassen, etwas Bestimmtes zu tun; Fragen

In diesem Abschnitt wurde bisher vorwiegend Gruppen- und Teamarbeit behandelt. Besonderheiten der Supervision bzw. des Coaching mit einer Person folgen weiter unten (S. 94 ff.).

9. Abschluss von Supervision und Coaching

In der Regel ist die Mehrheit der Beratungen (und auch Psychotherapien) erfolgreich (S. 60 f.). Deshalb enden sie meistens verabredungsgemäß, weil die Anzahl der vertraglich vereinbarten Stunden absolviert ist und/oder die finanziellen Mittel erschöpft sind. Einige Stunden vor dem letzten Termin sollte die Beratungsperson auf das nahende Ende hinweisen, um mit der Person, der Gruppe bzw. dem Team eine Schlussbilanz vornehmen zu können. Dabei ist es günstig, nochmals an den Anfang der Zusammenarbeit zurückzublicken. So kann man am besten überprüfen, wie die Ausgangssituation war und wie sich der gemeinsame Lernprozess entwickelt hat. Manchmal ist auch eine schriftliche Evaluierung vorgesehen. Eventuell wird neu kontraktiert, also eine weitere Zusammenarbeit vereinbart.

VII. Modalitäten oder Settings von Supervision und Coaching

Man kann Supervision und Coaching nach ihren *Arbeitsweisen*, in der Fachsprache auch *Modalitäten* oder *Settings* genannt, differenzieren. Diese unterschiedlichen Settings entspringen jahrzehntelangen bewährten praktischen Möglichkeiten und Erfahrungen. Aus Raumgründen werden in diesem Buch neuere Formen wie «Tele-Coaching», «Online-Coaching», «E-Mail-Coaching» oder Ähnliches nicht behandelt (Rauen 2002, S. 91). Denn das sind eher Ausnahmen, welche meistens als Ergänzung zum persönlichen Gespräch stattfinden; beispielsweise bei Dienstreisen.

Sowohl bei der Supervision als auch beim Coaching gelten

grundsätzlich die gleichen Möglichkeiten von Settings: Einzel-. Gruppen- und Teamarbeit (Schreyögg 2017, S. 49). Von der Dynamik und von den Inhalten her unterscheiden sich auch hier Supervision und Coaching allerdings beträchtlich.

Das häufigste Supervisions-Setting ist die Teamsupervision.

Beim Coaching stellt das Einzel-Coaching die am stärksten verbreitete Beratungsform dar (Böning 2002, S. 33). Erst mit großem Abstand folgen Gruppen- und Teamcoaching. Ich beginne die Vorstellung dieser Modalitäten mit dem Zwei-Personen-Setting.

1. Einzelsupervision bzw. Einzelcoaching

Die Suche. Dort jedoch, wo ein Mitarbeiter selbst eine Supervision oder ein Coaching für sich alleine aufsucht, geht dem oft eine lange Suchbewegung voraus. Diese beginnt nach Unzufriedenheit und Problemen am Arbeitsplatz mit Selbstgesprächen, Gespräche mit Partnern oder Freunden, dann Selbsthilfeversuchen im Internet, in Veranstaltungen oder Büchern. Irgendwann scheinen diese Versuche nichts mehr zu nutzen. Viele begeben sich dann auf die Suche nach einer Beratungsperson.

Einzelsupervision. Die klassische Einzelsupervision kommt, abgesehen von der Ausbildungssupervision, vor allem im Sozialwesen vor, wo eine einzelne Person ihre Arbeit, eventuell auch ohne Wissen der Kollegen, reflektieren möchte (z. B. möglicher Arbeitsplatzwechsel). Im Gegensatz zur Teamarbeit müssen die Kosten dann oft selbst getragen werden.

Welche Vorteile hat dieses Zwei-Personen-Setting? Es leuchtet ein, dass derartige Beratungen vor allem in emotionaler und selbstreflexiver Hinsicht am intensivsten sein können. Hier erfährt man im Idealfall im Schutze der Anonymität am meisten über die eigenen Stärken und Schwächen bzw. Grenzen und Chancen in der Arbeit mit anderen Menschen. Einsichten und Veränderungen gelingen vor allem, wenn es neben dem intellektuellen auch zu emotionalem Lernen kommt. Dann ist allerdings auch mit Abwehr (S. 19 ff.) und Widerständen zu rechnen.

Dabei kann man auch an persönliche Themen geraten, die eigentlich in den Bereich der Psychotherapie gehören. Dann sollte die Beraterin den persönlichen Bereich so ausklammern, dass die Supervision oder das Coaching auf der Arbeitsebene gehalten werden kann. Dem Vorteil der intensiven Selbsterkenntnis in der Einzelarbeit steht jedoch ein möglicher Nachteil entgegen. Da nur der Ratsuchende mehr über sich und seine beruflichen Beziehungen erfährt, berührt der Wissens- und Reflexionszuwachs die Beziehungen zu den Arbeitskollegen eher indirekt.

Einzelcoaching. Wie schon angedeutet, ist das Einzelcoaching längst nicht so psychologisch und in die Tiefe gehend wie die Einzelsupervision. Aber auch hier zählen Vertrauen und Echtheit des Beraters zu den wichtigen Faktoren für einen Erfolg. Ebenso wie bei der Supervision gilt es, Druck zu vermeiden bzw. abzubauen, weil dieser Ängste erzeugt und Neuorientierung erschwert (Loos/Rauen 2002, S. 130).

Wie kommt man eigentlich ins Einzelcoaching? Diese Unterstützung kann vom Arbeitgeber angeregt oder gar angeordnet und manchmal auch finanziert werden.

Nach Greif kommen 25–60% der Coaching-Nehmer nicht freiwillig ins Einzelcoaching (2008, S. 182).

Um den Zwangscharakter und möglichen Makel von Coaching zu reduzieren, finanzieren einige große Unternehmen ihren Spitzenkräften eine bestimmte Anzahl von Coaching-Stunden, ohne zu überprüfen, ob diese wahrgenommen worden sind.

Wie den «richtigen» Coach finden? Von Wrede stammen einige Hinweise für die Suche nach einem externen Coach. Coaching ist eine «Holschuld». Deshalb macht ein Coach, «der weiß, worum es beim Coaching geht, keine Kundenwerbung» (2002, S. 283). Auch ist davon abzuraten, im Internet oder gar in Zeitungsanzeigen einen Coach zu suchen. Allzu leicht kann man an einen Scharlatan geraten, wie es im Abschnitt über das «Allerwelts-Coaching» beschrieben wurde (S. 53 ff.).

Worauf ist sonst noch zu achten? Feldkompetenz, Leitungs- und Managementerfahrung. Wichtig ist zu wissen: Es gibt nicht «den» richtigen Coach (oder Supervisor). Oftmals stellt sich im gemeinsamen Arbeitsprozess die richtige «Passung» her. Es ist besser, Empfehlungen zu folgen oder sich über Coach-Pools der Fachverbände bzw. die Personalabteilung zu informieren.

Was für Coaching-Nehmer wichtig ist. Im «Journal Supervision» (1/2017, S. 15) äußern sich mehrere Personen, über ihre Erfahrungen mit dem Einzelcoaching:

- *Ich wollte einen Gesprächsführungsvorschlag für ein bevorstehendes Gespräch.*
- *Ich möchte konkrete Hinweise bekommen, was ich tun kann.*
- *Ich möchte eine unparteiische und realistische Einschätzung des Coaches zur Situation.*
- *Vom Coach erwarte ich Klarheit, Offenheit und Kritik. Mein Coach muss mich nicht schonen.*

Die einsame Rolle. Oft entsteht der Wunsch nach Einzelberatung auch aus einer «einsamen» Rolle in einem dem erlernten Beruf «fremden» System.

Eine Psychologin wurde für eine große berufsbildende Schule als Anlaufstelle für «schwierige Schüler» eingestellt. Sie hatte es mit etwa 80 Lehrerinnen, 10 Sozialarbeitern und über 1200 Schülern zu tun. Aufgrund ihrer «einsamen Rolle» hatte sie sich vom Arbeitgeber in ihrem Vertrag dreißig jährliche von diesem finanzierte Supervisionsstunden zusichern lassen.

Ähnliche «einsame Berufsrollen» haben Psychologen bzw. Pfarrer im Krankenhaus oder einer Strafanstalt inne. Berater benötigen dann auch Feldkompetenz im Bereich Schule, Krankenhaus oder Strafanstalt. Bei allen diesen Beispielen könnte man sowohl von Supervision als auch von Coaching sprechen.

Eine Kunsthistorikerin hatte bisher mit mehreren Kolleginnen in einem großen Museum gearbeitet. Dann wurde sie Leiterin einer kulturellen Bildungs- und Tagungsstätte. Nun als «Chefin» hatte sie es mit viel Personal zu tun: Mitarbeiterinnen, Hauswirtschaft sowie dem Beirat und Aufsichtsrat dieser landeseigenen Einrichtung. Große Probleme machte vor allem der langjährig dort arbeitende

Hausmeister, der nicht akzeptierte, auch für eine jüngere Frau arbeiten zu müssen. Das Problem konnte erst ansatzweise gelöst werden, als es gelang, eine männliche Person aus der internen Verwaltung mit den Verwaltungsaufgaben zu betrauen. Somit war eine «Doppelspitze» entstanden.

2. Etwas über Gruppenarbeit

Das Hauptmerkmal der Supervision oder des Coaching in Gruppen als *Mehr-Personen-Setting* ist, dass die Teilnehmer alle in unterschiedlichen Einrichtungen oder Praxisfeldern arbeiten. Dabei können die Teilnehmer solcher Veranstaltungen einerseits aus einem Arbeitsfeld, aber verschiedenen Institutionen (z.B. fünf Lehrer aus fünf verschiedenen Schulen) kommen. Andererseits kann Gruppensupervision sogar mit Personen aus völlig unterschiedlichen Arbeitsfeldern (Schule, Pfarramt, Altenheim, Jugendamt, Krankenhaus, Kindergarten) stattfinden.

Formen des Gruppencoaching mit Teilnehmern aus verschiedenen Einrichtungen finden wir vor allem bei Trainings. Manchmal sind diese auch mit stundenweisem Einzelcoaching (z.B. Stärke-Schwäche-Analyse) kombiniert.

Bei einem Mehr-Personen-Setting kannten sich die Mitglieder der Gruppe vorher nicht *(stranger group)*.

Für alle nachstehenden Varianten des *Mehr-Personen-Settings* benötigt man neben dem «Handwerkszeug» aus Supervision und Coaching noch zusätzliches *Wissen* und *Können* über Gruppen, um Gruppenprozesse zu verstehen und produktiv steuern zu können.

Was passiert auf der tiefenpsychologischen Ebene, wenn vorher weitgehend unbekannte Menschen in eine neue Gruppe kommen? «Beim Eintritt in eine neue Gruppe wiederholt sich unbewusst das Modell der frühen Sozialbeziehungen so lange, bis eine befriedigende und angstfreie Kommunikationsmöglichkeit der Gruppenmitglieder untereinander und gegenüber dem Gruppenleiter gefunden ist» (Brocher 1967, S.69). Diese nun eintretende neue Situation kann in einer Supervisionsgruppe mit Helfern anders vonstattengehen (Suche nach Gemeinsamkeiten,

Solidarität) als in einer Coaching-Gruppe mit Managern (herausfinden, wer der andere ist, welchen Statuts und welche Macht er hat). Wir sehen, die jeweiligen Sozialisationswege sowie Team- und Organisationskulturen spielen eine Rolle. Was und wie kann man durch Gruppenprozesse verändern?

Lernmöglichkeiten in Gruppen

1. In überschaubaren und kontinuierlichen Gruppen von drei bis etwa zwanzig Mitgliedern kann man *intensive Erfahrungen* miteinander haben.
2. Während des Gruppenprozesses bilden sich eigene *Ziele*, *Werte* sowie spezielle Beziehungen und Erwartungen *(Rollen)* heraus.
3. Diese Rollen hängen einerseits von dem ab, was man vorher erfahren hatte; andererseits entwickeln sie sich auch durch das Zusammen- und Gegeneinanderwirken der Gruppenmitglieder in jeweils spezifischer Weise als *Gruppenrollen* weiter. Schindler hatte diese Gruppenrollen auch als den Versuch der Wiederholung von «Familienrollen» beschrieben (1980).
4. Mit dem Begriff *Billard-Modell* kann man diesen Gruppenprozess treffend beschreiben. Jede Äußerung eines Gruppenmitglieds löst etwas aus, das wie eine Billardkugel «in Gang gesetzt wird und seinerseits ein weiteres Ereignis auslöst» (Fengler 1986, S. 59).
5. Die Gruppenmitglieder beeinflussen einander. Sie bringen ihre früheren *Erfahrungen* und vor allem auch *Projektionen* und *Übertragungen* (S. 21) mit in den Prozess ein. Dabei entwickeln sich mehrfache Übertragungen untereinander. Menschen können sich nirgendwo so intensiv kennen lernen wie in gut arbeitenden Gruppen.
6. Allerdings kommt es auch vor, dass Gruppen den Einzelnen bei ungünstigen Bedingungen (Fremdheit, Gruppendruck, Außenseiterrolle, Rivalität) ängstigen. Denn in jeder Gruppe gibt es Machtausübung, Hierarchie und Normsetzung. Durch gezielte Interventionen ist es möglich, diesen unerwünschten Erscheinungen in der praktischen Gruppenarbeit gegenzusteuern.

7. Wie schon erwähnt, unterliegt der zeitliche Ablauf in jeder Gruppe bestimmten *Gruppenprozessen* und *Gruppenphasen*. Lewin hatte schon früh solche Gruppenphasen beschrieben: Auflockern des Alten, Bewegen und Verfestigen des neu Erlernten (1953). Später machte Bion auf die unbewussten Vorgänge in solchen Gruppen aufmerksam, wie beispielsweise Angst, Abhängigkeit, Kampf, Flucht oder Paarbildung (1971). Diese sind beschreibbar und für das Verständnis menschlicher Entwicklung in Gruppen gut nutzbar.
8. Wenn es in der Gruppe «gut» läuft, können Gruppen *Korrekturmöglichkeiten* früherer (negativer) Erfahrungen sein. Eigene Verhaltensweisen und Rollen werden von anderen kritisch gesehen, kommentiert und sind deshalb veränderbar.
9. Hierzu haben Theorie und Praxis der Gruppendynamik ein methodisches Instrumentarium für Beschreibungen und Veränderungsmöglichkeiten entwickelt. Die bekannteste Möglichkeit ist das ebenfalls von Lewin entdeckte *Feedback*, die gezielte Rückmeldung darüber, wie man auf andere wirkt (S. 89).

Wenn der Gruppenprozess einigermaßen gelingt und in die «Tiefe» geht, zeigen sich jenseits der anfänglichen Themen noch «hintergründige» Probleme und verborgene Spannungen, die oft von einer durch die Entwicklung in der Gruppe entstandenen gemeinsamen, unbewussten Fantasie getragen werden (Heigel-Evers 1978, S. 46).

Welches können diese «hintergründigen Themen» einer Gruppe sein? Länger zusammenarbeitende Gruppen, egal welcher Art, bilden aufgrund ihrer *Geschichte* und internen *Beziehungsstruktur* ein *System* eigener *Ideologien* und *Mythen*. Dabei sprechen sie über sich selbst und geben anderen *Informationen*, wie sie gerne gesehen werden möchten; und sie entwickeln auch Illusionen, Tabus und Kränkungen. Allerdings kann die Intensität dieser Prozesse sehr unterschiedlich sein. Es leuchtet ein, dass eine der Balint-Gruppe ähnliche Supervision von Sozialarbeitern in der Familienhilfe intensiver sein kann als ein stark strukturiertes, lösungsorientiertes und zeitlich kürzeres Gruppencoaching mit Führungskräften.

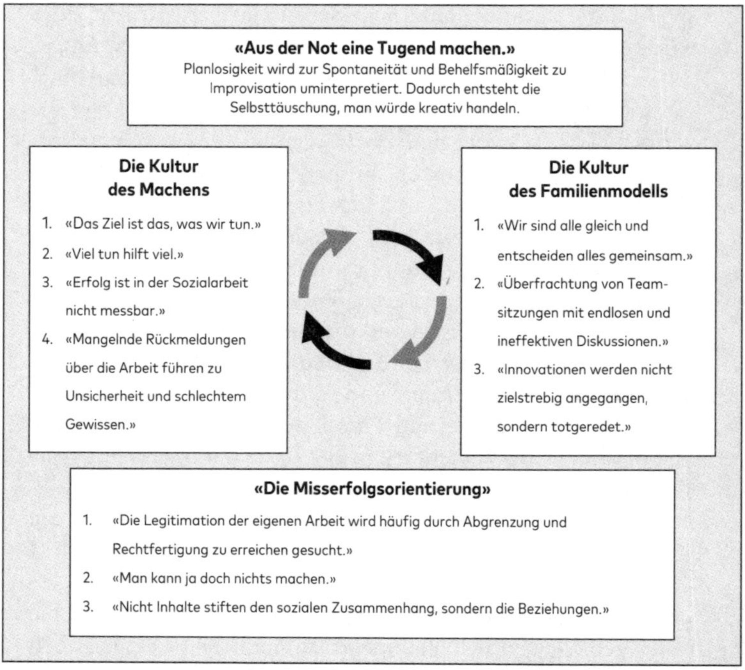

«Aus der Not eine Tugend machen.»
Planlosigkeit wird zur Spontaneität und Behelfsmäßigkeit zu Improvisation uminterpretiert. Dadurch entsteht die Selbsttäuschung, man würde kreativ handeln.

Die Kultur des Machens

1. «Das Ziel ist das, was wir tun.»
2. «Viel tun hilft viel.»
3. «Erfolg ist in der Sozialarbeit nicht messbar.»
4. «Mangelnde Rückmeldungen über die Arbeit führen zu Unsicherheit und schlechtem Gewissen.»

Die Kultur des Familienmodells

1. «Wir sind alle gleich und entscheiden alles gemeinsam.»
2. «Überfrachtung von Teamsitzungen mit endlosen und ineffektiven Diskussionen.»
3. «Innovationen werden nicht zielstrebig angegangen, sondern totgeredet.»

«Die Misserfolgsorientierung»

1. «Die Legitimation der eigenen Arbeit wird häufig durch Abgrenzung und Rechtfertigung zu erreichen gesucht.»
2. «Man kann ja doch nichts machen.»
3. «Nicht Inhalte stiften den sozialen Zusammenhang, sondern die Beziehungen.»

Abb. 2: Mythen, die den gegenwärtigen Zustand erhalten (nach Puch 1994, S. 69)

3. Supervision und Coaching ohne formelle Leitung

Bei der *Kollegialen Supervision*, auch *peer-group supervision, Intervisionsgruppe* oder *Kollegensupervision* genannt, handelt es sich um eine wechselseitige Gruppenreflexion ohne formelle Leitungsperson. Sie ist dann erfolgreich, wenn die Teilnehmerinnen und Teilnehmer über langjährige Berufserfahrungen verfügen und in der Lage sind, das Gruppengeschehen von Neid, Missgunst, Rivalitäten oder anderen Störungen freizuhalten. Analog dazu kommt manchmal auch ein kollegiales Gruppencoaching ohne formelle Leitungsperson zustande, etwa wenn die Teilnehmer eines Trainings oder einer Weiterbildung sich später treffen, um alleine «weiterzumachen». Kollegiale Supervision bzw. Coaching kommen in der Praxis selten vor.

Diese Settings ohne eine externe Leitungsperson nennt man auch *supervision* oder *coaching without parents.*

4. Coaching mit Zweier- oder Dreierspitzen

Eine weitere Variante von Gruppensupervision bzw. Gruppencoaching ist die Arbeit mit Zweier- oder Dreierspitzen.

Was ist damit gemeint? Von Industriebetrieben kennen wir oft eine kaufmännische und eine technische Leitungsperson. Viele Einrichtungen, vor allem im sozialen und gesundheitlichen Bereich, verfügen über zwei oder drei Leitungspersonen; beispielsweise den ärztlichen Leiter, die Pflegedienstleitung sowie die Verwaltungsleitung.

Eine Suchtklinik für Frauen geriet in eine Krise, weil die von allen Mitarbeiterinnen geschätzte Chefärztin aus persönlichen Gründen kündigte. Sie, der therapeutische Leiter und der Verwaltungsleiter kamen für wenige Krisensitzungen zum Coaching, um die eingetretene Unruhe beim Personal zu besänftigen und sich für eine mögliche (weibliche) Nachfolge dem Träger gegenüber starkzumachen.

An diesem kurzen Beispiel kann dreierlei verdeutlicht werden: (1) Es handelte sich nicht um ein *Teamcoaching*, denn die drei Personen arbeiten zwar in einer Einrichtung, sind aber kein Team. (2) Auch war es keine Supervision, denn es wurde nicht über Patientinnen, sondern über Leitungsaufgaben gesprochen. (3) Gleichzeitig kann man sehen, welche differenzierten Settings Supervision und Coaching inzwischen entwickelt haben. Von Münderlein erschien ein Aufsatz über «Doppelspitzen» (2021).

5. Möglichkeiten der Teamsupervision

Unter einem Team versteht man eine kooperierende Arbeitsgruppe im Rahmen einer Institution. Dabei kann das Team beruflich homogen sein. Das ist der Fall, wenn alle Teammitglieder ausgebildete Sozialarbeiter sind *(monoprofessionelles Team)*. Häufiger haben wir es in der Supervision mit Teams zu tun, deren Mitglieder unterschiedlichen Berufsgruppen angehören, beispielsweise Arzt, Psychologe, Sozialarbeiter, Heilpädagogin, Krankenschwester *(multiprofessionelles Team)*. Teammitglieder sind oft gute Fachleute in ihren jeweiligen Spezialgebieten. Doch zur Kooperation und Koordination der jeweiligen individuellen Arbeiten bedarf es mehr als des Fachwissens. Viele Teams scheitern daran, dass man meint, es genüge, Personen aus verschiedenen Berufen mit Arbeitsaufgaben zu versehen, um gute Ergebnisse zu erzielen. Oft berücksichtigt man nicht den «gruppendynamischen Faktor». Damit ist gemeint, dass Teams im jeweiligen Arbeitszusammenhang nun einmal auch hemmende Elemente wie Ängste, Abwehrformen, Widerstände, Rivalitäten, Machtkämpfe, Bündnisse oder Teilgruppen-Egoismen entwickeln. Teamsupervision kann diese störenden Effekte reduzieren.

Auch deswegen stellt in Sozialarbeit, Gesundheitswesen und Psychotherapie die *Teamsupervision* die häufigste Anwendungsform von Supervision dar. Durch den höheren Bekanntheitsgrad der Mitglieder eines Teams untereinander ist es nicht immer einfach, so offen zu sein wie in einer eher anonymen Gruppenarbeit. Im Team finden Arbeitsbeziehungen meistens in einem vertrauten Rahmen statt. Deshalb spricht man auch vom Team als *family group*. Wofür ist die Supervision im Team besonders geeignet?

Kompetente Teamsupervision ist für viele arbeitsbezogene Themen gut und hilfreich, vor allem dann, wenn sich diese Themen im Team und in den Beziehungen der Teammitglieder untereinander auswirken. Das ist bei der *Fallbesprechung* sowie der *Selbstreflexion* des Teams möglich. Teamsupervision gelingt dann am besten, wenn die Beziehungen im Team nicht so sehr von Streit, Missgunst und Rivalitäten belastet sind. Demgegenüber eignet sie sich nicht so gut für Probleme, die eine Hierarchiestufe «höher» verursacht worden sind, etwa bei organisatorischen Fragen, welche die gesamte Einrichtung betreffen. Dazu gehören Leitungs-, Steuerungs- oder Hierarchieprobleme sowie die Beziehungen zwischen verschiedenen Teams bzw. Abteilungen. Hier wäre eher ein Einzelcoaching der obersten Leitungsperson bzw. ein Gruppencoaching mehrerer Leitungspersonen angesagt.

Schließlich soll noch auf die Frage eingegangen werden, ob die Teamleitung an der Teamsupervision teilnehmen sollte. Wenn der Leiter täglich im Team tätig und auch mit der Alltagsarbeit betraut ist, gehört er in der Regel in die Teamsupervision. Allgemein ist bei der Teamsupervision darauf zu achten, dass keine Gegensatzstellung zwischen Team und (übergeordneten) Vorgesetzten entsteht. Teamsupervisionen sind nicht dazu da, über abwesende Vorgesetzte oder Kollegen zu «meckern».

In einer Studie wurde der zeitliche Aufwand für Gespräche in den Teamsupervisionen erforscht. Dabei verteilt sich die während der Supervisionssitzungen verbrachte Zeit wie folgt:

- 63 % beschäftigen sich mit Klienten bzw. Kunden,
- 18 % betreffen die kollegiale Zusammenarbeit,
- 17 % die eigene Person,
- 2 % thematisieren die eigene Einrichtung.

(Kühl/Pastäniger-Behnken 1999, S. 87)

Ähnlich sind die Ergebnisse einer jüngeren Befragung von Effinger. Darin widmet man sich in der Teamsupervision zu etwa 70 % der Zeit der «Fallarbeit» (2017, S. 10).

Gibt es Teamcoaching? Weshalb ging es im vorigen Abschnitt nur um Teamsupervision und nicht um Teamcoaching?

Coaching findet vorwiegend für Einzelne und seltener in Gruppen statt. Wenn man den Begriff Coaching nur für Unterstützung von Leitungskräften oder auch für Personen ab der mittleren Hierarchieebene verwendet, leuchtet ein, dass es eigentlich kein Teamcoaching für Leiter geben kann, denn sie sind in der Regel in der Hierarchie höher angesiedelt als die Teams oder Abteilungen. Leider werden in der Fachliteratur beide Begriffe oft unsauber verwendet; beispielsweise bei Thornton (2016). Auch Rauen spricht vom «Teamcoaching» als einer Unterform des Gruppencoachings. «Zielgruppe für ein Teamcoaching waren früher zunächst meist hochrangige Organisationseinheiten wie z.B. Vorstände, Geschäftsführungen, Aufsichtsräte, Betriebsleitungen o.ä.» (2002, S. 86). Aber diese Personen arbeiten nicht täglich unmittelbar miteinander, streng genommen sind sie kein Team. Ich würde eher von Systemcoaching oder Organisationsberatung sprechen. Aber die Bezeichnungen Supervision und Coaching sind nun einmal ausgeufert, unscharf und verändern sich.

Über das Team hinaus. Manchmal können anstehende Fragen nicht im Zweier-Setting, in der Gruppen- oder Teamarbeit behandelt werden. Betrachtet man die gesamte Organisation, so werden verschiedene Begriffe verwendet: Systemberatung, Organisationsberatung oder Organisationsentwicklung. Im Rahmen dieser Einführung in Supervision und Coaching können diese weiterführenden Varianten nicht behandelt werden.

6. Vergleich von Supervision und Coaching

Beide Weiterbildungsformate beziehen sich auf die Reflexion von Berufsarbeit. Die *Supervision* kommt vorwiegend aus der Sozialarbeit und Psychotherapie. Hier geht es darum, die Helfer darin zu unterstützen, damit sie ihre Arbeit mit den Klienten verbessern können. Dabei handelt es sich meistens um persönliche Probleme der Klienten und die Verstrickungen der Helfer mit diesen. Deshalb kommt es häufig zu Beziehungsarbeit; aber auch Team- und Organisationsfragen müssen besprochen werden. Meistens sind die Ergebnisse offen und es besteht selten Entscheidungsdruck. Denn die Helfer sind keine Vorgesetzten.

> *Die Mitarbeiter einer Einrichtung der Familienhilfe zu beraten, die teilweise über Jahre mehrere Familien betreuen, ist etwas anderes, als den Manager eines Kaufhauses zu coachen, welcher sich mehrfach im Jahr auf veränderte Produkte einstellen muss.*

Beim *Coaching* sollen gut ausgebildete Menschen in Leitungspositionen im Gesundheits- oder Wohlfahrtsbereich, der Verwaltung, dem Handel, bei den Dienstleistungen oder in der Industrie in die Lage versetzt werden, ihre Aufgaben zu bewältigen sowie die Fähigkeit, Menschen zu führen, zu verbessern.

Beide Formate finden in *unterschiedlichen Kulturen* statt: In der Supervision (wie auch in der Psychotherapie) dominiert die

Helfer- und Verständniskultur. Die Nutzer von Coaching haben es dagegen viel stärker mit Hierarchie, Wettbewerb, Rivalität, Macht, Entscheidungsdruck, Großorganisationen und oft auch Gewinnerzielung zu tun.

Die Unterschiede liegen somit nicht nur bei den zu beratenden Personen, sondern auch bei Inhalten, Zielen und der ethischen Haltung. Für das Coaching von Führungskräften benötigt man zusätzlich zur Supervision auch *Wissen* und *Können* im Bereich von Management, Personalwesen sowie entsprechende Feldkompetenz. Beim Coaching kann sich auch die ethische Haltung der Berater von derjenigen aus der Supervision unterscheiden. Vielleicht werden vom Coach mehr Parteilichkeit und weniger Neutralität erwartet.

Schon ein Blick auf die «20 wichtigsten Coaching-Themen» von Rückerl zeigt den Unterschied zur Supervision. Denn einige der folgenden Gesichtspunkte sind in der Supervision nicht wichtig: «Ängste, Burn-out, Change-Management, Entscheidungen, Finanzen, Karriere, Konflikte, Krisen, Mitarbeiterführung, Motivation, Präsentation, Selbstwert, Sinnsuche, Soziale Kompetenz, Strategie, Trennung, Team, Vertrieb/Verkauf, Work-Life-Balance, Zeitmanagement (2015, S. 76 ff.)

Eine Beraterin, die sowohl Supervision als auch Coaching anbietet, hat folgende pragmatische Sicht auf diese Thematik: «Ich höre mir das Anliegen an, egal ob Supervision oder Coaching angefragt worden ist, entscheide für mich, ob ich mir das zutraue, und hole den Klienten dort ab, wo er mit seinen Fragen, Problemen und Möglichkeiten steht. Ich vermeide Diskussionen darüber, ob das, was wir machen, Supervision oder Coaching ist.»

Ähnlich äußert sich der Ex-Geschäftsführer der DGSv Fortmeier: «Ich habe Kund/innen immer erklärt: Mein Coaching läuft folgendermaßen. Ich achte auf dies und das. Ich arbeite so und so, meine Haltung ist diese. Dann kam idealerweise die Reaktion der Kund/innen: Wunderbar, das überzeugt uns, Sie wollen wir haben, Sie sind unser Coach. Der Coach, den sie meinen, ist aber Supervisor» (Journal Supervision 1/2015, S. 4).

VIII. Zur Wirksamkeit von Supervision und Coaching

Zunächst ein Blick in die *Wirksamkeitsforschung* (Evaluierung) der Psychotherapie: Beispielhaft für die Bewertung von Maßnahmen von Supervision und Coaching sind für den deutschen Sprachraum die Arbeiten einer aus Bern stammenden Forschungsgruppe um *Klaus Grawe* (1943–2005) zur Psychotherapie (Grawe u.a. 1994) sowie Nachfolgearbeiten. Damals hatte man sich mit der Frage beschäftigt, wodurch eigentlich die positiven Wirkungen in der Psychotherapie zustande kommen. Hauptergebnis war, dass es in erster Linie die *therapeutische Beziehung* ist. Zu Recht kann man vermuten, dass es sich in den verschiedenen Varianten von Beratung, vor allem in der Supervision und dem Coaching, wie auch in der Pädagogik ähnlich verhält. Roth spricht vom «Drittelgesetz»: Die anerkannten Psychotherapien sind bei «rund einem Drittel der Patienten gut bis sehr gut wirksam, bei einem weiteren Drittel mäßig wirksam und beim letzten Drittel unwirksam» (2018, S. 6).

Ausschlaggebend für den Erfolg in der Psychotherapie sind zu etwa 70% die sogenannten *unspezifischen* oder *generellen Beratungsfaktoren*. Damit sind persönliche Verhaltensweisen der Berater (z.B. Wertschätzung, emotionale Wärme, Echtheit, Beziehungsgestaltung) gemeint. Das bedeutet, dass die *spezifischen* und *schulengebundenen* Wirkfaktoren, die einer speziellen Theorie entstammen, wie beispielsweise Psychoanalyse, Psychodrama, Gestalttherapie, Verhaltenstherapie oder Neurolinguistisches Programmieren, mit einem Anteil von unter 5% weit weniger wichtig sind.

1. Der Nutzen von Supervision

Die meisten Untersuchungen zur Wirksamkeit der Supervision sowie des Coaching kamen durch einfache Teilnehmerbefragungen zustande. Die Interviewer erkundigten sich nach der subjektiven Zufriedenheit. Die Mehrzahl der Ergebnisse bestätigt den Nutzen von Supervision für Ausbildung und Berufspraxis. Die positiven Zustimmungen reichen von 66% bis 80% aller Befragten (Boskamp u.a. 1975; Klüsche 1990, S. 185).

Soziale Arbeit. Schneider und Müller entwickelten ein *«Supervisions-Evaluations-Inventar»*, mit welchem sie 69 Supervisanden (davon 48 weibliche) bezüglich ihrer Person, Erwartungen, Arbeitssituation, Veränderungen hinsichtlich der Klientel, Institution und Kollegen sowie der Einschätzung des Supervisionsprozesses befragten. Welches sind die wichtigsten Ergebnisse? Auf die Frage, wie die Supervision zustande kam, antworteten:

- 10% auf Anordnung durch die Leitung
- 51% aus eigenem Interesse
- 16% auf Wunsch der Kollegen

Insgesamt äußerten 55% konkrete *Befürchtungen* hinsichtlich der Supervision. Die häufigsten Bedenken waren, dass das Team auseinanderbrechen könnte, eine Verschlechterung der Arbeitsatmosphäre durch Bloßstellung Einzelner eintreten könnte oder persönliche Grenzen überschritten würden. Trotzdem hat es überaus positive *Erwartungen* an die Supervision gegeben. Bezüglich der eigenen Person waren dies sogar 91% und hinsichtlich der Kollegen 81% (Schneider/Müller 1998, S. 96). Weiterhin interessiert die Frage nach den durch die Supervision zustande gekommenen Veränderungen. Insgesamt überwogen die positiven deutlich die negativen Erfahrungen. Eindrucksvoll waren die Veränderungen für

- 27% der Supervisanden persönlich,
- 21% auf der kollegialen Ebene,
- 16% im Verhältnis zur Klientel.

  (Schneider/Müller 1995, S. 91 ff.)

Es folgen Einzelergebnisse hinsichtlich der *Institution:* 52% äußerten, dass durch die Supervision Abläufe und Entscheidungswege in der Organisation «eher leichter» oder «leichter» geworden sind. 79% fühlen sich durch die Supervision «eher sicherer» oder «sicherer», was die Anforderungen aus dem Arbeitsfeld anbelangt. 80% können mit ihren Gefühlen und persönlichen Bedürfnissen im beruflichen Handeln durch die Supervision «eher besser» oder «besser» umgehen. Bezogen auf die *Kollegen* hat sich aufgrund der Supervision die Zusammenarbeit und das gegenseitige Verständnis für etwa 70% «eher verbessert» oder «verbessert». Hinsichtlich des Umganges mit Klienten fühlen sich durch die Supervision 65% «eher sicher» oder «sicherer». Auch die «Helferprobleme» scheinen durch die Supervisionserfahrungen geringer zu werden. Durch die Beratung hat das Bedürfnis, der Klientel alles recht machen zu müssen, für 57% «eher abgenommen» oder «abgenommen». Weiterhin können sich gegenüber den Wünschen und Bedürfnissen der Klientel 60% «eher besser» oder «besser» abgrenzen. Auch hinsichtlich der eigenen Person fallen positive Veränderungen auf. Durch die Supervision macht die Arbeit für 63% «eher mehr» oder «mehr» Spaß. Bei Konflikten fühlen sich 68% «eher weniger» oder «weniger» persönlich angegriffen (Schneider/Müller 1995, S. 94ff.; 1998, S. 90ff., Zahlen gerundet).

Schule. Es sind auch Befragungsergebnisse zur Supervision mit Lehrern (Jugert 1998, S. 172) bekannt:

- Die kommunikative Kompetenz der Lehrer wurde verbessert.
- In Problem- und Konfliktsituationen verhalten sich die Lehrer konstruktiver als vorher.
- Die Supervision hat eine vorbeugende Wirkung gegenüber Konflikten.

Diese Untersuchung erbrachte gegenüber früher bekannten empirischen Studien über Supervision noch weitere Neuheiten:

Es wurden sowohl Lehrer interviewt, die Supervision erlebt hatten, als auch solche, die nicht an Supervision teilnahmen. Man hatte aber auch die Schüler dieser beiden Lehrergruppen befragt, wie sie die Arbeit ihrer Lehrer beurteilen. Welches sind die Ergebnisse?

Lehrer, die Supervision erhalten hatten, wurden von den Schülern besser beurteilt als Lehrer, die Supervision nicht kannten. «Das bedeutet, dass sich im Laufe der Supervision eine bedeutsame Veränderung in der Einschätzung des Lehrerverhaltens durch ihre Schüler vollzogen hat. Auch die Schüler schätzten ihre Lehrer gegen Ende der Supervision durchschnittlich als unterstützender (lobender, verstärkender) ein als vor Beginn der Supervision» (S. 161). Supervision beeinflusst also auch die «Endabnehmer» (Schüler, Klienten). Allerdings kann es sein, dass diese der Supervision zugeneigten Lehrer grundsätzlich schon eher schülerbezogen gewesen waren.

In einer anderen Untersuchung zur Wirkung von schulinterner Supervision wird festgestellt, dass die durchgeführten Supervisionsgruppen die Teamkompetenz gefördert sowie die Belastungen der Lehrer verringert hatten (Denner 2000, S. 339). Nahezu alle Befragten würden wieder, teilweise nach einer Pause, an der Supervision teilnehmen (S. 354). Auch gehen 92% der Supervisionsteilnehmer davon aus, dass «die Beratung etwas, viel oder sogar sehr viel für die Zusammenarbeit in der Schule gebracht hat» (S. 358).

In Südtirol (Italien) hatten etwa 500 Lehrkräfte und Erzieherinnen an Supervision sowie pädagogisches Leitungspersonal am Coaching teilgenommen. Hier einige Befragungsergebnisse:

- «Wer sich auf den Reflexionsprozess einlässt, für den lohnt sich Supervision. Mehr als 90% der Teilnehmenden sagen, dass sie in Zukunft wieder an einer Supervision teilnehmen werden.
- Lehrkräfte, die an Supervisionsangeboten teilgenommen haben, betrachten Supervision als wertvolles Instrument für die Reflexion der eigenen Arbeit.
- Für ältere und erfahrene Lehrpersonen ist Supervision eine bewährte Möglichkeit, ihre Professionalität über einen langen Zeitraum aufrechtzuerhalten.
- Supervision erhöht die Zufriedenheit im Umgang mit den Kolleg/innen sowie den Schulführungskräften und das Verständnis für die Situation der Schüler/innen».

(Gasser 2012, S. 457, www.provinz.bz.it/schulamt)

Krankenhaus. Auch das «Freiburger Modell der Supervision von Krankenschwestern und Krankenpflegern am Universitätsklinikum» wurde einer Evaluation unterzogen. «Bei einer Befragung aller Mitarbeiterinnen, die den Supervisionsdienst je in Anspruch genommen hatten, beurteilte die überwiegende Mehrzahl der Teilnehmenden die erlebte Supervision als effizient und hilfreich» (Report Psychologie 9/2000, S. 575).

In einem österreichischen Krankenhaus konnte man aufgrund der Evaluation eines Modellprojekts die Qualitätssteigerung und Kostenreduzierung durch Supervision registrieren: «Von den zuständigen krankenhausinternen Stellen wurden eine Abnahme der schriftlichen Beschwerden von Patienten und der Versetzungsanträge des Personals sowie ein Rückgang der Krankenstände festgestellt. Wurden im ersten Jahr der Supervision 1327 Gesamt-Krankenstunden gezählt, sank diese Zahl im darauf folgenden Jahr auf 440 Stunden. Der durchschnittliche Zeitaufwand für die Supervision entsprach bei 12 Teilnehmern 0,7% der Gesamtarbeitszeit» (Wiedauer 1991, S. 121).

Mehrere Beiträge bestätigen, dass die Supervision auch «ein Beitrag zur vorbeugenden Kostendämpfung» darstellt (Reifarth 1995, S. 109).

Altenhilfe. Seit vielen Jahren wird in den Alten- und Pflegeheimen der Stadt Stuttgart Supervision angeboten. Die Resultate einer Befragung der Supervisionsteilnehmer zeigen, dass die Supervision die Pflegequalität verbessert und die Arbeitszufriedenheit erhöht (Carrier 1994, S. 712 f.).

Von Sprung-Ostermann liegt ein Bericht über die Erfahrungen mit 14 Supervisionsverläufen im Bereich der Altenhilfe auf der Grundlage von 251 Sitzungsprotokollen bei 16 Sozialstationen vor (1994, S. 46). Die quantitative und qualitative Auswertung der Gesprächsprotokolle ergab, dass fallbezogene Supervision und Teamsupervision nahezu gleichermaßen praktiziert und bevorzugt worden ist. Im Vordergrund der Fallsupervision standen Themen der Beziehung zwischen Pflegerinnen und alten Menschen wie beispielsweise Abgrenzungsfragen, die Bedeutung von Krankheit oder Schuld und Trauer beim Sterben. Danach kamen Gesprächsinhalte, welche den Ablauf und die Verarbeitung des Alternsprozesses bei der Klientel, deren soziale Situation, soziales Netzwerk sowie die psychische Situation betrafen (S. 37 ff.). Demgegenüber beschäftigten sich die teambezogenen Themen mit Fragen der Auseinandersetzung zwischen altem und neuem Pflegepersonal, Verantwortung, Kompetenzen und Rivalitäten im Team, Austausch von Informationen, Gegensätzen sowie der Suche nach Gemeinsamkeiten in der Zusammenarbeit (S. 41).

2. Was kann in der Supervision falsch laufen?

Zwar ist erwiesen, dass Supervision oft hilft. Es können aber auch Fehler vorkommen. In der Studie «Wenn Supervisionen schaden» gaben nur 61 % der Befragten an, «freiwillig» an der Supervision teilgenommen zu haben. 32 % hatten «gezwungenermaßen» angekreuzt (Ehrhardt/Petzold 2014, S. 142, 162).

Supervisionen können Schaden anrichten, wenn die Supervisanden vom Supervisor (oder von Supervisionsteilnehmern) verletzt werden. Welche Verletzungen sind bekannt? Bei den *Teamsupervisionen* handelt es sich meistens um Grenzverletzungen, Kränkungen, Entwertungen oder Demütigungen der Supervisanden (S. 159). Welches können die Ursachen für verletzendes Verhalten sein?

- 84 % sprechen von Eitelkeit der Supervisor/innen,
- 39 % von Rivalität,
- 43 % von einem technischen Fehler
  (S. 167, Mehrfachnennungen).

Bei den Supervisoren, die am häufigsten Verletzungen begehen, scheint es sich eher um männliche Personen mit einer psychoanalytischen Orientierung zu handeln (S. 165 f.). Es leuchtet ein, dass in der Zweiersituation der Einzelsupervision aufgrund des Machtgefälles die Gefahr von möglichen Schäden größer sein kann.

3. Der Nutzen vom Coaching

Über Coaching sind zwischen 1980 und 2014 weltweit etwa 8000 Publikationstitel erschienen (Schreyögg/Schmidt-Lellek 2015, S. 29). Die bislang vorliegenden Metaanalysen kommen zu dem Ergebnis, dass «Coaching wirkt» (Kotte u.a. 2016, S. 20). Böning und Kegel haben 61 Studien zum Business-Coaching untersucht. Dabei ging es zur Hälfte um Themen von Führung und Leitung (2015, S. 60f.).

- In den meisten Fällen handelte es sich um Einzelcoaching.
- Im Durchschnitt dauerten die Beratungsprozesse 8 Monate mit 10 bis 80 Stunden. Oft gab es im Vorfeld ein 360-Grad-Feedback.
- Seltener kam es zu einem Team-Coaching. Dieses fand meistens während eines Workshops von ein bis drei Tagen Dauer statt.
- Geschlecht und Alter scheinen für den Beratungserfolg keine Rolle gespielt zu haben.

Nach einer Analyse im «Coaching-Magazin» sind nach einer weltweiten Befragung von knapp 4000 Personen zwischen 2011 und 2013 folgende *Wirkfaktoren* für den Erfolg vom Coaching wichtig:

- die Beziehung zwischen Executive-Coach und Führungskraft
- die Selbstwirksamkeit von Executive-Coach und Führungskraft
- das Zusammenpassen zwischen Executive-Coach und Führungskraft (Internet-Zugriff 6.3.2018)

In einer Zusammenfassung von 22 empirischen Forschungen aus dem deutschen und englischen Sprachraum sollten die Wirkungen von Führungskräfte-Coaching untersucht werden. Aufgrund verschiedener Methoden war die Vergleichbarkeit dieser Studien nicht so einfach. «Insgesamt zeichnete sich ein positives Gesamtbild ab: Seriöses Coaching wirkt positiv und die Wirkungen sind teilweise beträchtlich. Klienten fühlen sich entlastet, sie entwickeln neue Sichtweisen, erhöhen ihre Reflexions-, Kommunikations- und Führungskompetenzen, sie handeln effektiver und verhalfen ihren Organisationen zu mehr Ertrag.

Wirkfaktoren sind die Beziehung, die elaborierte Gestaltung der Zielformulierung und -annäherung, die Qualifikation, das Engagement und die Authentizität des Coachs sowie ein angepasster Einsatz verschiedener Techniken» (Künzli, 2005, S. 241).

Ähnlich wie in Psychotherapie, Beratung und Supervision sind nach Greif die Hauptwirkfaktoren von *seriösem Coaching* vor allem die Beziehungsqualitäten sowie die Anpassung des Beraters an die Klienten (2008, S. 27, S. 264 ff.). Zu diesem Ergebnis kommt auch Rückerl, wenn er die folgenden *drei Wirkfaktoren* hervorhebt: Beziehungsgestaltung, Zielorientierung beim Coaching sowie Aktivierung von Ressourcen bei den Ratsuchenden (2015, S. 21). Einige Jahre später ergänzen Greif u. a. (2012, S. 382 f.) ihre schon früher ermittelten *Coaching-Wirkfaktoren* wie folgt:

- Wertschätzung und emotionale Unterstützung des Klienten durch den Berater
- Affektaktivierung und Affektberuhigung
- Ergebnisorientierte Problemreflexion
- Ergebnisorientierte Selbstreflexion
- Zielklärung
- Ressourcenaktivierung sowie
- Problembewältigung, etwa als Unterstützung bei der Umsetzung von eigenen Zielen in die Praxis

In einer Befragung von 35 Führungskräften, die Coaching erlebt hatten, haben 25 den persönlichen Nutzen von Coaching als «voll zutreffend» bezeichnet (Jüster u. a. 2002, S. 56).

Evaluierung vom «Allerwelts-Coaching». Angebote aus diesem Bereich sind so vielfältig wie auch kurzlebig (S. 53 ff.). Wie sollen neutrale Untersuchungen zustande kommen? Oder polemisch gesagt: Kann man «Hunde-Coaching» und «Pferde-Coaching» miteinander vergleichen?

4. Was kann beim Coaching falsch laufen?

Es leuchtet ein, dass in der Zweiersituation wegen des Machtgefälles die Gefahr von möglichen Schäden größer sein kann.

Eine junge Psychologin wurde kurz nach Ende ihrer Coaching-Ausbildung über private Kontakte Coach eines neu gewählten und in seiner Berufsrolle unsicheren Rektors einer privaten Universität. Ohne Kenntnis der speziellen Bedingungen, der Kultur sowie der Macht- und Mehrheitsverhältnisse an dieser Hochschule bestärkte sie ihn in Richtung einer autoritären Wahrnehmung seiner Leitungsrolle. In ihrem Umfeld prahlte sie mit ihrem «prominenten Klienten». Der Rektor isolierte sich immer mehr. Er beendete enttäuscht das Coaching und erhoffte nur noch das Ende seiner Amtszeit.

Von Rauen stammt folgende Auflistung der «häufigsten Fehler von Coaches», die aber auch teilweise für die Supervision gelten:
- Mangelnde Einstimmung
- Übernahme der Klienten-Denkweise
- Mangelnde Verbindlichkeit
- Kritikscheue
- Technik- statt Beziehungsorientierung
- Zu wenig Zeitpuffer im Gespräch
- Partei ergreifen
- Das Ziel hinter dem Ziel übersehen
- Vermeidungsverhalten ungeklärt lassen
- Schuldkategorien bevorzugen
- Verlust der Neutralität
- Sündenbock für Unternehmensfehler
- «Halo-Effekt»: Man sieht den Klienten anfangs in einer bestimmten Rolle und bleibt dabei, dieser Prozess gilt natürlich auch umgekehrt vom Klienten zum Berater (Projektionen).
- Heldenprojektion: Der Coach darf den Klienten nicht als eine Person sehen, die er selbst einmal werden wollte (Idealisierung).
- Machtspiele missverstehen: Der Klient möchte wissen, wie stark und verlässlich der Coach ist, und beginnt über verschiedene «Spielchen» den «Beratertest»: Provokationen, Machtkämpfe u. a.
- Ein Coach für alle Fälle. Nie kann ein Coach für alle Themen und Probleme optimal sein.
- *Advocatus diaboli:* Ein kritischer Coach kann mehr helfen als ein Schönredner.

- Das falsche Honorar: Wenn die Honorarhöhe zum Verhandlungsgegenstand wird, kann sich die Beziehung schief entwickeln.

  (Coaching-Newsletter März/April 2012)

Von Rückle stammt eine interessante Zusammenstellung mit dem Titel: «Coaching und trotzdem erfolglos?» Darin erwähnt er weitere Fehler von Coaches wie Bagatellisieren, unangemessenes Lob oder Versprechungen. Er rät den Coaching-Interessenten, vor allem auf das Erstgespräch und die Anfangsphase des Prozesses zu achten (Coaching-Newsletter Juni 2014).

In einem anderen Artikel werden weitere *Misserfolgsfaktoren* von *Coaching* genannt. Sie ähneln denen in der Supervision: Selbstherrlichkeit der Coaches, Vertrauensmissbrauch, mangelnde Kenntnis des Berufsfeldes, Anwendung falscher (oft rein psychologischer) Methoden oder ein erzwungenes Coaching durch die Vorgesetzten (Schmidt/Keil 2004, S. 249).

Schreyögg und Rauen haben in ihrem Aufsatz «Missbrauch – nun auch im Coaching»? beschrieben, wie Klientinnen von männlichen Supervisoren bzw. Coaches finanziell ausgebeutet und sexuell belästigt wurden (2002). In diesen Zusammenhang gehört auch ein Themenheft von «Organisationsberatung, Supervision, Coaching» mit dem Thema Entgleisung von Führungskräften (z. B. VW-Dieselskandal, 2/2016).

Fortmeier, Ex-Geschäftsführer der DGSv, äußerte: «Ich kenne viele Entscheider in Unternehmen, die vom Coaching die Nase voll haben, weil sie viel Mist erlebt haben und sich gelegentlich auch abgezockt fühlten» (Journal Supervision 3/2015, S. 21).

Abschließende Gedanken. Supervision und Coaching sind keine perfekten Verfahren mit «Rezepten» oder einer «Erfolgsgarantie». «Fehler» sind in gewisser Weise «normal». Denn sie entspringen der menschlichen Unzulänglichkeit, dem verständlichen, aber auch irrealen Wunsch nach «perfekten» Lösungen sowie der Komplexität des Geschehens. Allerdings sind «Fehler», wenn man sie reflektiert, auch korrigierbar und enthalten Lernmöglichkeiten.

Deshalb ein Hinweis eines weiteren «Klassikers» berufsbezogener Beratung in Deutschland: Fehler können schnell *Krisen* hervorrufen oder vorhandene verstärken. Die Erfahrung zeigt: Krisen in der Beziehungsarbeit zeigen sich am ehesten an den Rahmenbedingungen: Vergessen, Verspätungen, Terminprobleme, fluktuierende Teilnehmerzahlen u. v. a. Deswegen haben, wie schon angesprochen, Rahmenkonflikte «Bearbeitungspräferenz»; sie erweisen sich nach ihrer Klärung häufig sogar als «besonders fruchtbar» (Fürstenau 1992, S. 206 f.).

In den nächsten Jahren wird die Wirksamkeitsforschung von Supervision und Coaching auch durch den Anschluss an internationale Standards intensiviert werden. So arbeiten beispielsweise Möller und Mitarbeiterinnen von der Universität Kassel zusammen mit der DGSv an der «Kasseler Coaching-Studie». Neben einer Fragebogenerhebung sollen auch Coaching-Prozesse per Video aufgenommen und ausgewertet werden (Journal Supervision 3/2017, S. 9). Eventuell kommen auf diese Weise neue Erkenntnisse zustande. Aktueller Stand: Vgl. Internet und «Organisationsberatung, Supervision, Coaching». Von Schreyögg stammen im «Journal Supervision» Überlegungen zu einem Forschungsansatz über Korrekturen von Deutungs- und Handlungsmustern oder über Struktur- und Prozessqualität zu Coaching (und Supervision) (2015, S. 21). Dem bekannten Hirnforscher Roth verdanken wir einen kurzen Beitrag, in welchem er aus dem Blickwinkel der Neurowissenschaft auf die Wirksamkeit von Supervision und Coaching aufmerksam macht (2018).

IX. Theorien und Methoden von Supervision und Coaching

Wie mehrfach erwähnt, ist die *zentrale Wirkungskraft* für eine gelungene Supervision bzw. ein gelungenes Coaching die *Arbeitsbeziehung* im Sinne eines unspezifischen Wirkungsfaktors zwischen Berater und Klient. Theorien hingegen sind eher zweitrangig.

Was ist eine *Theorie*? Verkürzt gesagt, beansprucht eine Theorie in Form eines abstrakten Modells, Aussagen über bestimmte Aspekte des Lebens (auch der Natur und der Welt) treffen zu können. «Unterhalb» einer Theorie befinden sich Methoden, Interventionen und praktische Schritte *(Praxeologie)*.

Supervision und Coaching sind interdisziplinär und arbeiten mit einem «Methodenmix». Denn ähnlich wie in der Supervision «agieren viele Coaches eklektisch und kombinieren bestimmte Interventionen nach eigenem Ermessen» (Schiessler 2009, S. 199).

Gibt es auch schulenübergreifende Theorien? Der erste interdisziplinäre Supervisionsansatz wurde schon Mitte der 1980er Jahre von den schwedischen Autoren *Bernler* und *Johnsson* publiziert. Dieser beruht auf den *Schwerpunkten* Tiefenpsychologie, Gruppendynamik und Systemtheorie. Ähnlich wie dieser schwedische Ansatz hat sich die niederländische Supervisionstheorie weitgehend unabhängig von der deutschsprachigen Szene entwickelt. Statt Anleihen aus der Psychotherapie zu nehmen, orientierte man sich eher an pragmatischen pädagogischen Konzepten aus der Tradition der *Agogik* (Siegers 1974). Supervision stellt in den Niederlanden eine Lehr-Lern-Theorie dar (v. Kessel 1994, S. 124 f.). Im deutschen Sprachraum hat sich die Fachwelt bislang kaum mit den Gedanken aus Schweden und den Niederlanden auseinandergesetzt.

Das hat auch damit zu tun, dass hierzulande zwei umfassende integrative Ansätze entstanden. Im Jahre 1990 erschien das Buch von *Rappe-Giesecke* mit dem Titel «Theorie und Praxis der Gruppen- und Teamsupervision». Darin wird Supervision in systemtheoretischer Sichtweise verstanden als eine *Beratung zweiter Ordnung*, also eine *Beratung für Berater und Multiplikatoren* und nicht für die «Endverbraucher».

Dafür greift die Autorin auf die System- und die Kommunikationstheorie, aber auch auf die Balint-Gruppenarbeit zurück. In der Team- und Gruppensupervision finden sich weiterhin Anleihen aus der psychoanalytisch orientierten Gruppentherapie, der Organisationsentwicklung und angewandten Gruppendynamik sowie den soziologisch orientierten Systemtheorien. Einige Gesichtspunkte dieses Konzepts habe ich weiter oben beschrieben (S. 15).

Ein Jahr später wurde von *Schreyögg* ein Theoriemodell zur Supervision vorgestellt. Auch sie verwendet für die Settings Einzel-, Gruppen- und Teamsupervision unterschiedliche konzeptionelle und theoretische Ansätze.

Es existiert eine Stufung von «oben» nach «unten». An der Spitze stehen abstrakte Theorien, Menschenbild, ethische Prämissen sowie allgemeine Ziele. Auf einer «darunterliegenden» Ebene werden dann alle verfügbaren Wissensbestände auf ihre Brauchbarkeit und Übereinstimmung mit den vorgenannten Zielen für die Supervision (und des Coaching) untersucht und «eingebaut».

Wie schon erwähnt (S. 34 f.), sind viele Publikationen über Supervision und Coaching oft keine umfassenden «Theorien». Vielmehr sind sie einer bestimmten Richtung von Beratung und Psychotherapie entlehnt und verbinden diese dann mit einem Beratungsfeld wie Soziale Arbeit, Schule, Pflege oder Wirtschaft. Dabei geht es weniger um wissenschaftliche Reflexion als um Vermarktung der eigenen Person oder Firma (Möller u.a. 2014, S. 315). Im Internet kostet das Herunterladen eines Textes mit dem Titel «Die ersten 100 Tage als Führungskraft» den «Sonderpreis» von 198 Euro.

Aufgrund des Pluralismus auf dem Markt der Beratung wird es niemals eine einzige «richtige» Theorie zu Supervision oder Coaching geben. Schreyögg (* 1946), die seit mehr als einem Vierteljahrhundert Supervision und Coaching mitgestaltet und erforscht hat, äußert über ihre Veröffentlichungen der 1990er Jahre, dass ihr «damaliger Anspruch, ein universelles Supervisionsmodell kreieren zu wollen», doch «etwas vermessen war» (2001, S. 296). Auch Möller betrachtet eine «einheitliche Supervisionstheorie» skeptisch. Für sie scheint es «sinnvoller, mit der Vielfalt zu leben» und «Gütekriterien» für gute Supervision und gutes Coaching zu entwickeln (2001, S. 320 f.).

X. Schlussbemerkung

Supervision und *Coaching* sind bedeutende «Zufallsentdeckungen» für das menschliche Zusammenleben in Beruf und Arbeitswelt. Sie wurden nicht «geplant», sondern entstanden aus praktischen Erwägungen heraus und haben sich dann fachübergreifend durch sehr unterschiedliche Wissenschaften sowie eine sich immer verändernde Praxis entwickelt.

Mein Anliegen war es, den Nutzen beider Formate für eine Vielzahl von Berufen und Tätigkeiten zu beschreiben.

Wie schon erwähnt, entstammt die Supervision eher aus der Beziehungsarbeit (Soziale Arbeit, Beratung und Psychotherapie). Das Coaching für Führungskräfte, mittleres Management und einsame Spezialisten hat hiervon zwar Anleihen übernommen, fußt aber auch auf ganz anderen Quellen und hat andere Schwerpunkte, Aufgaben und Ziele.

Beide Beratungsformate durchdringen sich in der Praxis. Coaches, die aus der Ökonomie (Personalwesen), Unternehmensberatung oder «ABO-Psychologie» kommen, müssen sich mit den helfenden Berufen beschäftigen, wenn sie dort tätig sein möchten. Vielen Supervisoren aus den helfenden Berufen fehlt es an Wissen und Können in den Bereichen Leitung und Organisation.

Supervision und Coaching sind keine perfekten Beratungsformen und keine «Wundermittel». Sie können Probleme, die durch organisatorische, personelle oder finanzielle Mängel entstanden sind, nicht beheben. Angesichts der inflationären Verwendung des Coaching wurde in diesem Buch streng getrennt zwischen einer (hoffentlich) seriösen Beratung für Leitungskräfte oder Spezialisten in einsamen Rollen sowie dem nicht überschaubaren «Allerwelts-Coaching» auf der Grundlage von Kurzausbildungen.

Es wurde darauf hingewiesen, dass sich auch angesichts der

unklaren Rechtslage unseriöse Ausbildungsangebote und Berater auf diesem Markt tummeln. Leserinnen und Lesern, die Supervision oder Coaching noch nicht kennen und Bedarf haben, möchte ich trotzdem empfehlen, diese Beratungs- und Unterstützungsmöglichkeiten einmal auszuprobieren. Sie sollten es sich aber mit der Auswahl einer Beratungsperson nicht zu leicht machen, schillernden Heilsversprechungen widerstehen, keine langfristig bindenden Verträge unterschreiben und nie überhöhte Honorare akzeptieren. Wer Supervision oder Coaching in Anspruch nimmt, muss sich die Feldkompetenz der künftigen Berater von diesen erläutern lassen.

Oft ist es sinnvoll, sich mehrere Supervisorinnen und Coaches bei einem Erstgespräch «anzusehen», auf die eigenen Gefühle zu achten und sich für eine Person zu entscheiden, bei der man sich gut «aufgehoben» fühlt.

XI. Anhang

1. Lesehinweise

Bücher:

Belardi, N.: Supervision. Von der Praxisberatung zur Organisationsentwicklung. Paderborn 1992 (zweite Auflage 1994).

Belardi, N.: Supervision. Eine Einführung für soziale Berufe. Freiburg 1996. (zweite Auflage 1998).

Belardi, N.: Supervision. München 2001 (vierte Auflage 2013).

Belardi, N.: Supervision für helfende Berufe. Freiburg 2015.

Belardi, N.: Supervision und Coaching. Für Soziale Arbeit, für Pflege, für Schule. Freiburg 2020.

Buer, F./Schmidt-Lellek, C.: Life-Coaching. Über Sinn, Glück und Verantwortung in der Arbeit. Göttingen 2008.

Rauen, C. (Hg.): Coaching. Göttingen 2002.

Rückerl, T.: Das große Praxis Handbuch Business Coaching. Weinheim 2015.

Petzold, H. G. u. a.: Supervision auf dem Prüfstand. Wirksamkeit, Forschung, Anwendungsfelder, Innovation. Opladen 2003.

Pühl, H. (Hg.): Supervision und Organisationsentwicklung. Opladen 1999.

Schreyögg, A.: Coaching. Frankfurt am Main 1995.

Schreyögg, A.: Supervision. Wiesbaden 2004.

Zeitschriften, Informationsdienste:

Es werden keine Herausgeber oder Orte benannt, weil diese wechseln können. Bei der Internet-Suche genügt die Angabe des Titels.

Coaching-Magazin

Coaching-Newsletter (Dr. C. Rauen: www.rauen.de)

Journal BSO (Schweiz)

Journal DGSv

FoRuM Supervision (online)

ÖVS-News. Österreichische Vereinigung für Supervision

Organisationsberatung Supervision, Coaching (OSC)

Supervision. Mensch, Arbeit, Organisation

Supervisie in opleiding en beroep (Niederlande)

The Clinical Supervisor (USA)

2. Fachverbände

Es werden keine Postanschriften oder Orte benannt, weil diese wechseln können. Bei der Internetsuche genügt die Angabe des Titels.

Association of National Organizations for Supervision in Europe (ANSE). Europa
Berufsverband für Supervision und Coaching (BSC). Italien/Südtirol
Berufsverband für Coaching, Supervision und Organisationsberatung (BSO). Schweiz
Deutscher Bundesverband Coaching (DBVC). Deutschland
Deutsche Gesellschaft für Supervision und Coaching (DGSv). Deutschland
European Association for Supervision and Coaching (EASC). Europa
Österreichische Vereinigung für Supervision (ÖVS). Österreich

Weitere Fachverbände, deren Mitglieder eventuell auch Supervision und Coaching anbieten:
Berufsverband Deutscher Psychologinnen und Psychologen (BDP)
Deutscher Arbeitskreis für Gruppenpsychotherapie und Gruppendynamik (DAGG)
Deutsche Gesellschaft für systemische Therapie und Familientherapie (DGSF)

3. Literaturverzeichnis

Adorno, T. W.: Tabus über den Lehrerberuf. In: Adorno, T. W.: Stichworte. Kritische Modelle 2. Frankfurt am Main 1969.
Albrecht, C./Perrin, D.: Zuhören im Coaching. Wiesbaden 2013.
Balint, M.: Der Arzt, sein Patient und die Krankheit. Stuttgart 1965.
Bandler, R./Grinder, J.: Refraiming. Paderborn 1990.
Belardi, N.: Supervision. Von der Praxisberatung zur Organisationsentwicklung. Paderborn 1992.
Belardi, N.: Supervision in den USA – heute. In: Organisationsberatung, Supervision, Clinical Management 2/1994.
Belardi, N. u. a.: Beratung. Weinheim und Basel 1996 (siebte Auflage 2007).
Belardi, N.: Supervision. Eine Einführung für soziale Berufe. Freiburg (zweite Auflage) 1998.
Belardi, N.: Supervision für helfende Berufe. Freiburg 2015.
Belardi, N.: Supervision und Coaching. Für Soziale Arbeit, für Pflege, für Schule. Freiburg 2020.
Bermejo, I./Muthny, F. A.: Burn-out und Bedarf an psychosozialer Fortbildung und Supervision in der Altenpflege. Münster 1994.
Bernler, G./Johnsson, L.: Supervision in der psychosozialen Arbeit. Weinheim und Basel 1993 (schwedische Erstausgabe: 1985).
Bernfeld, S.: Sisyphos oder die Grenzen der Erziehung. (Erstausgabe: 1925). Frankfurt am Main 1970.
Bion, W.: Erfahrungen in Gruppen und andere Schriften. Stuttgart 1971.
Björgmann, H.: Abhängigkeitserkrankungen am Arbeitsplatz – eine Coachingaufgabe. In: Organisationsberatung, Supervision, Coaching Nr. 3/2002.
Böning, U.: Coaching: Der Siegeszug eines Personalentwicklungs-Instruments. In: Rauen, C. (Hg.): Handbuch Coaching. Göttingen 2002.
Böning, U./Strikker, F.: Ist Coaching nur Reaktion auf gesellschaftliche Entwick-

lungen oder auch Impulsgeber? In: Organisationsberatung, Supervision, Coaching 4/2014.

Böning, U./Kegel, C.: Ergebnisse der Coaching-Forschung. Heidelberg. 2015 (online).

Boskamp, P. u. a.: Einschätzung der Bedeutung und Effektivität von Supervision. Katholische Fachhochschule Rheinland. Köln 1975.

Brackett, J.: Supervision and Education in Charity. New York 1903.

Brocher, T.: Gruppendynamik und Erwachsenenbildung. Braunschweig 1967.

Brück, H.: Die Angst des Lehrers vor seinem Schüler. Reinbek 1978.

Berufsverband für Coaching, Supervision und Organisationsberatung (BSO) (Schweiz): Mitgliederbefragung. Bern 2010.

Bundesminister für Jugend, Familie, Frauen und Gesundheit (Hg.): Achter Jugendbericht. Bonn 1990.

Carrier, M.: Supervision erhöht Arbeitsqualität. In: Altenheim 10/1994.

Coaching-Umfrage Deutschland 2016/17. Büro für Coaching und Organisationsberatung. Jörg Midddendorf (Internetquelle).

Cohn, R.: Von der Psychoanalyse zur Themenzentrierten Interaktion. Stuttgart 2016.

Cürten, S.: Boreout-Syndrom und Coaching. In: Organisationsberatung, Supervision, Coaching 4/2013.

Dehner, U.: Leitfaden für das erste Coaching-Gespräch. In: Rauen, C. (Hg.): Handbuch Coaching. Göttingen 2002.

Denner, L.: Gruppenberatung für Lehrer und Lehrerinnen. Bad Heilbrunn 2000.

Deutsche Gesellschaft für Supervision (DGSv): Mitgliederbefragung. Köln 2009.

Deutscher Bundestag (Hg.): Bericht über die Lage der Psychiatrie in der Bundesrepublik Deutschland. Bonn 1975.

Dorando, M./Grün, J.: Coaching mit Meistern. In: Supervision 24/1993.

Drüge, M./Schleider, K.: Merkmale der Supervisionspraxis in der Sozialen Arbeit. In: Organisationsberatung, Supervision, Coaching Nr. 4/2015.

Effinger, H.: Eine empirische Studie zur Ausbildungssupervision an Fachhochschulen. In: Organisationsberatung, Supervision, Coaching 3/2002.

Effinger, H.; Flüchten oder Standhalten? In: Supervision 2/2017.

Ehrhardt, J./Petzold, H.: Wenn Supervisionen schaden. In: Integrative Therapie 1–2 2014 (auch als Internet-Zeitschrift).

Fallner, H.: Kompetenz-Entfaltung in der Lehrsupervision. In: Eckhardt, U.-L. u. a. (Hg.): System Lehrsupervision. Aachen 1997.

Fengler, J.: Soziologische und sozialpsychologische Gruppenmodelle. In: Petzold, H./Frühmann, R. (Hg.): Modelle der Gruppe. Band 1. Paderborn 1986.

Fietze, B./Salamon, L.: Zwischen Markt und Staat. Das gesellschaftliche Engagement der Coachingverbände für die Professionalisierung des Coachings. In: Organisationsberatung, Supervision, Coaching 28/2021.

Fortmeier, P.: Interview. In: Journal Supervision 1/2015.

Franke, R.: Internet-Coaching. Bonn 2013.

Freud, S.: Geleitwort zu Aichhorn, A.: Verwahrloste Jugend. (Erstausgabe 1925). Stuttgart 1974.

Fürstenau, P.: Zur Theorie psychoanalytischer Praxis. Stuttgart 1979.

Fürstenau, P.: Entwicklungsförderung durch Therapie. München 1992.
Freitag, M.: Die eierlegende Wollmilchsau. Berufsrollenreflexion bei der Polizei NRW. In: Journal Supervision 2/2015.
Fritzsche, D.: Coaching mit Schlaganfallpatienten. In: Organisationsberatung, Supervision, Coaching 4/2005.
Gaertner, A.: Gruppensupervision. Tübingen 1999.
Gasser, C.: Evaluation von Supervisionsprozessen an Südtiroler Schulen. In: Organisationsberatung, Supervision, Coaching 4/2012.
Giernalczyk, T.: Beratung in Lebenskrisen. In: Steinebach, C. (Hg.): Handbuch Psychologische Beratung. Stuttgart 2006.
Giernalczyk, T. u. a.: Containment im Coaching. In: Organisationsberatung, Supervision, Coaching 4/2013.
Gorißen, B.: Feuerwehr und Supervision. In: Organisationsberatung, Supervision, Coaching 2/2014.
Grawe, K. u. a.: Psychotherapie im Wandel. Göttingen 1994.
Greif, S.: Gegenstand und Aufgabenfelder der Arbeits- und Organisationspsychologie. In: Greif, S./Bamberg, E. (Hg.): Die Arbeits- und Organisationspsychologie. Göttingen 1994.
Greif, S. u. a.: Arbeits- und Organisationspsychologie. Weinheim 1997.
Greif, S.: Coaching und ergebnisorientierte Selbstreflexion. Göttingen 2008.
Greif, S. u. a.: Warum und wodurch Coaching wirkt. In: Organisationsberatung, Supervision, Coaching 4/2012.
Greif, S.: Coaching und Wissenschaft. In: Organisationsberatung, Supervision, Coaching 3/2014.
Hausinger, B./Volk, T.: Erneuerung statt Imagepflege. Sonderpublikation zum Journal Supervision 4/2013.
Haubl, R.: Ausgewählte flankierende Befunde anderer Forschergruppen. In: Haubl, R./Voß, G. (Hg.): Riskante Arbeitswelt im Spiegel der Supervision. Göttingen 2011.
Hapke, E.: Über Supervision. In: Rundbrief Gilde Soziale Arbeit 2/1952.
Harrach, A.: Das Konzept der Gruppe in der Balint-Gruppenarbeit. In: Petzold, H./Frühmann, R. (Hg.): Modelle der Gruppe. Band 2. Paderborn 1986.
Hege, M.: Konzeptionsfragen der Supervision. In: Supervision 29/1996.
Heigel-Evers, A.: Konzepte der analytischen Gruppenpsychotherapie. Göttingen 1978.
Huppertz, N.: Supervision. Neuwied und Darmstadt 1975.
Joder, K.: Gesundheitscoaching. In: Organisationsberatung, Supervision, Coaching 4/2005.
Jüster, M. u. a.: Coaching in der Sicht von Führungskräften – eine empirische Untersuchung. In: Rauen, C. (Hg.): Handbuch Coaching. Göttingen 2002.
Jugert, G.: Zur Effektivität pädagogischer Supervision. Frankfurt am Main 1998.
Kessel, L. van: Das niederländische Supervisionskonzept. In: Organisationsberatung, Supervision, Clinical Management 2/1994.
Klüsche, W.: Professionelle Helfer. Aachen 1990.
Kotte, S./Hinn, D./Oellerich, K./Möller, H.: Der Stand der Coachingforschung. In: Organisationsberatung, Supervision, Coaching 1/2016.

Kühl, S.: Professionalisierung in Supervision und Coaching. In: Organisationsberatung, Supervision, Coaching 1/2006.

Kühl, S.: Die Professionalisierung der Professionalisierer? Das Scharlatanerieproblem im Coaching und in der Supervision und die Konflikte um die Professionsbildung. In: Organisationsberatung, Supervision, Coaching Nr. 3/2008.

Kühl, S.: Das Scharlatanerieproblem. Coaching zwischen Qualitätsproblemen und Professionalisierungsbemühungen. Eine Studie im Auftrag der Deutschen Gesellschaft für Supervision (DGSv) Köln 2005.

Kühl, W.: Wirkungen von Führungskräfte-Coachings in der Sozialen Arbeit. In: Organisationsberatung, Supervision, Coaching 1/2014.

Kühl, W./Pastäniger-Behnken, C.: Supervision in Thüringen (1) – eine erste Bestandsaufnahme im Bereich der Sozialen Arbeit. In: Kühl, W./Schindewolf, R. (Hg.): Supervision und das Ende der Wende. Opladen 1999.

Künzli, H.: Wirksamkeitsforschung im Führungskräfte-Coaching. In: Organisationsberatung, Supervision, Coaching 3/2005.

Lazar, R. A.: W. R. Bions Modell «Container-Contained» als eine (psychoanalytische) Leitidee in der Supervision. In: Pühl, H. (Hg.): Handbuch Supervision 2. Berlin 1994.

Lewin, K.: Die Lösung sozialer Konflikte. Bad Nauheim 1953.

Loos, W.: Unter vier Augen. Coaching für Manager. Landsberg 1997.

Loos, W./Rauen, C.: Einzel-Coaching. In: Rauen, C. (Hg.): Handbuch Coaching. Göttingen 2002.

Meier, H.: Personalentwicklung. Wiesbaden 1992.

Meyer, A. E. u. a.: Forschungsgutachten zu Fragen eines Psychotherapeutengesetzes (im Auftrag des Bundesministeriums für Jugend, Frauen, Familie und Gesundheit). Hamburg 1991.

Möller, H.: Was ist gute Supervision? Stuttgart 2001.

Möller, H./Kotte, S.: Die Zukunft der Coachingforschung. In: Organisationsberatung, Supervision, Coaching 4/2011.

Möller, H. u. a.: Beratungsforschung mit, für oder ohne Praxis? In: Organisationsberatung, Supervision, Clinical Management 3/2014.

Möller, H./Hellebrandt, M.: Wie wissenschaftlich fundiert sind Coaching-Weiterbildungen? In: Organisationsberatung, Supervision, Coaching 1/2016.

Müller, C. W.: Wie Helfen zum Beruf wurde. Weinheim und Basel. Band 1, 1982 (Neuauflagen).

Münderlein, C.: Doppelspitzen: Notlösung, Heilsbringer oder innovatives Führungsmodell? Coaching für gelingende Führungstandems. In: Organisationsberatung, Supervision, Coaching 2/2021.

Neuberger, O.: Personalentwicklung. Stuttgart 1991.

Oberhoff, B.: Übertragung und Gegenübertragung in der Supervision. Münster 2000.

Österreichische Vereinigung für Supervision und Coaching (ÖVS): Mitgliederbefragung 2012. Wien 2012.

Petzold, H. G.: Integrative Supervision. Paderborn 1998.

Petzold, H./Schigl, B. u. a.: Supervision auf dem Prüfstand. Opladen 2003.

Puch, H.-J.: Organisation im Sozialbereich. Freiburg 1994.

Pühl, H. (Hg.): Handbuch der Supervision und Organisationsberatung. Opladen 1999.

Rauen, C.: Coaching. Göttingen 1999.

Rauen, C. (Hg.): Handbuch Coaching. Göttingen 2002.

Rauen, C.: Varianten des Coachings im Personalentwicklungsbereich. In: Rauen, C. (Hg.): Handbuch Coaching. Göttingen 2002.

Rauen, C.: Die Implementierung von organisationsinternen Coaching-Programmen. In: Organisationsberatung, Supervision, Coaching 3/2004.

Rappe-Giesecke, K.: Theorie und Praxis der Gruppen- und Teamsupervision. Berlin 1994 (zweite Auflage). (Die dritte Auflage lautet: Supervision für Gruppen und Teams, Berlin 2003).

Rappe-Giesecke, K.: Triadische Karriereberatung. Bergisch Gladbach 2008.

Reifarth, W.: Zur Bedeutung von Supervision in der sozialen Arbeit. In: Nachrichtendienst des Deutschen Vereins für öffentliche und private Fürsorge 3/1995.

Ricken, H.-J.: Supervision in der Polizei. In: Forum Supervision 3/1994.

Ringshausen-Krüger, Margarete: Die Supervision in der deutschen Sozialarbeit. Entwicklung von Konzeptionen, Methoden und Strukturen 1954–1974. Eine textanalytische Untersuchung (Diss. Phil. Universität Frankfurt am Main). Frankfurt am Main 1977.

Roth, G.: Coaching und Neurowissenschaften. Positionen. Beiträge zur Beratung in der Arbeitswelt (DGSv) 1/2018. Auch in: Organisationsberatung, Supervision, Coaching 1/2018.

Rückerl, T.: Das große Praxis Handbuch Business Coaching. Weinheim 2015.

Quidde, A.: Supervision und Coaching. Gemeinsamkeiten und Unterschiede hinsichtlich von Kontrakt, Setting und Arbeitsbündnis. In: Forum Supervision (online). 44/2014.

Schachtmeyer, C. von: Coaching und Mentoring. In: Organisationsberatung, Supervision, Coaching 1/2017.

Schamberger, I.: Folien-Vortrag gehalten auf dem DGSv-Verbandsforum in Kassel am 21.4.2917. In: Journal Supervision 3/2017.

Schein, E.: Process Consultation. Vol. I. Reading (Ma.) 1988 (zweite Auflage).

Schein, E.: Process Consultation. Vol. II. Reading (Ma.) 1987.

Schiessler. B.: Coaching als Maßnahme der Personalentwicklung. Wiesbaden 2009.

Schigl, B.: Wie gefährlich kann Supervision sein? In: Organisationsberatung, Supervision, Coaching Nr. 1/2013.

Schindler, W.: Die analytische Gruppentherapie nach dem Familienmodell. München 1980.

Schmidbauer, W.: Die hilflosen Helfer. Reinbek 1977.

Schmidbauer, W.: Die Gefahren einer Supervisoren-Schwemme und die Zukunft der Supervision als Beruf. In: Organisationsberatung, Supervision, Clinical Management, 4/1998.

Schmidt, T./Keil, J.-G.: Erfolgsfaktoren beim Einzel-Coaching. In: Organisationsberatung, Supervision, Coaching 3/2004.

Schmidt-Lellek, C.: Ressourcen der helfenden Beziehung. Bergisch Gladbach 2006.

Schneider, K. D./Müller, A.: Evaluation von Supervision. In: Supervision 27/1995.

Schneider, K. D./Müller, A.: Das Supervisions-Evaluations-Inventar. In: Berker, P./Buer, F. (Hg.): Praxisnahe Supervisionsforschung. Münster 1998.

Schreyögg, A.: Supervision. Paderborn 1991 (vierte Auflage: Wiesbaden 2004).

Schreyögg, A.: Coaching. Frankfurt am Main 1995.

Schreyögg, A.: Was hat die «neue Flexibilität» mit Angst zu tun? In: Organisationsberatung, Supervision, Clinical Management 3/2000.

Schreyögg, A.: Rezension zu: Denner: Gruppenberatung. In: Organisationsberatung, Supervision, Coaching 3/2001.

Schreyögg, A.: Konfliktcoaching. Frankfurt am Main 2002.

Schreyögg, A.: Coaching für die neu ernannte Führungskraft. Wiesbaden 2010.

Schreyögg, A.: Organisationsinternes Coaching. In: Organisationsberatung, Supervision, Coaching 2/2011.

Schreyögg, A.: Coaching und/oder Supervision? In: Organisationsberatung, Supervision, Coaching 2/2013 a.

Schreyögg, A.: Übertragung und Gegenübertragung im Coaching. In: Organisationsberatung, Supervision, Coaching 4/2013 b.

Schreyögg, A.: Coaching und/oder Supervision. Zum Verhältnis der beiden Formate. In: Schreyögg, A./Schmidt-Lellek, C. (Hg.): Die Professionalisierung von Coaching. Wiesbaden 2015.

Schreyögg, A.: Coaching, Training und Co. – ist das alles Personalentwicklung? In: Organisationsberatung, Supervision, Coaching 1/2017.

Schreyögg, A./Rauen, C.: Missbrauch – nun auch im Coaching? In: Organisationsberatung, Supervision, Coaching 3/2002.

Schreyögg, A./Schmidt-Lellek, C. (Hg.): Die Professionalisierung von Coaching. Wiesbaden 2015.

Schulz von Thun, F.: Miteinander reden. Reinbek 1981.

Siegers, F. N. J. (Hg.): Praxisberatung in der Diskussion. Freiburg 1974.

Siller, G.: Supervision. Stuttgart 2022.

Sprung-Ostermann, B.: Erfassung und Untersuchung von Supervision in Institutionen der ambulanten Versorgung (Sozialstationen) von psychisch/körperlich Alterskranken. In: Sprung-Ostermann, B./Radebold, H. (Hg.): Untersuchungen zur Supervision im Altenbereich (Kuratorium Deutsche Altershilfe). Köln 1994.

Steinke I./Steinke, J. M.: Die historische Entwicklung von Coaching zur Profession. In: Organisationsberatung, Supervision, Coaching 2/2021.

Teuchert, R.: Personalentwicklung und Beratung. Stuttgart 1995.

Thiel, A.: Kinder coachen. Göttingen 2014.

Thornton, C.: Gruppen- und Teamcoaching. Paderborn 2016.

Urban, H.-J.: Gute Arbeit im Finanzkapitalismus. In: Haubl, R. u. a. (Hg.): Riskante Arbeitswelten. Frankfurt am Main 2013.

Voß, G.: Strukturwandel der Arbeit. In: Haubl, R./Voß, G. (Hg.): Riskante Arbeitswelten in Spiegel der Supervision. Göttingen 2011.

Watzlawick, P. u. a.: Menschliche Kommunikation. Bern 1969.

Weber, P.: Das Schlechte-Nachrichten-Gespräch. In: Organisationsberatung, Supervision, Coaching 1/2005.

Weigand, W.: Die Faszination des Geldes und des fremden Feldes. Supervision in Wirtschaftsunternehmen. In: Supervision 24/1993.

Weigand, W.: Der Supervisor als Coach. In: DGSv-aktuell 4/2000.

Weigand, W.: Neue Herausforderungen an die Profession Supervision. In: Supervision 1/2006.

Wiedauer, H.: Supervision für Institutionen und ihre Mitarbeiter. Am Beispiel der Veränderung des Arbeitsklimas im Krankenhaus. In: Brandau, H. (Hg.): Supervision aus systemischer Sicht. Salzburg 1991.

Wirbals, H.: DGSv – Quo vadis? In: DGSv aktuell 1/1996.

Wrede, B.: So finden Sie den richtigen Coach. In: Rauen, C. (Hg.): Handbuch Coaching. Göttingen 2002.